# 煤矿班组长安全培训教材

山东省煤矿培训中心　编

煤 炭 工 业 出 版 社

· 北　京 ·

# 编　委　会

# 序

　　班组是煤矿企业的细胞，班组管理是煤矿企业管理的重要组成部分，是强化煤矿安全基础管理工作的重中之重，是强基固本的基础工程。2009年3月3日，中华全国总工会和国家煤矿安全监察局（以下简称国家煤监局）联合下发了《关于加强煤矿班组安全生产建设的指导意见》，明确了加强煤矿班组安全生产的指导原则、目标任务和主要内容，并提出了包括提高班组防范事故和保证安全的五种能力在内的具体要求。

　　坚持安全发展，构建和谐社会，已经成为一个全新的时代发展主题。落实科学发展观和安全发展观，提高煤炭企业的安全生产水平，保障职工群众的生命安全和健康，是企业发展的重要依托和根本目的。

　　基层班组系煤矿企业的最前沿阵地，凡涉及煤矿企业的安全、生产、质量、效率等诸项指标，都须落实到班组才具有实际意义。煤矿企业安全生产工作的好与差，归根结底要以基层班组安全生产工作的优与劣为依托，以基层班组安全生产实战能力为基础。因此，煤矿基层班组长作为煤矿企业安全生产最基层的管理人员，是煤矿安全生产的直接组织者，其作用绝对是不可低估的。强化煤矿基层班组长的安全培训，对提高基层班组长的安全素质和安全意识，推动煤矿企业班组建设，搞好煤矿安全生产具有非常重要的意义，对煤矿企业管理者来说显然是抓住了煤矿安全管理的关键。

　　为了配合实施煤矿班组长安全培训工作，提升煤矿班组长的安全素质和安全生产管理水平，山东省煤矿培训中心组织编写了《煤矿班组长安全培训教材》。该教材紧紧围绕煤矿班组长的工作实际，适应班组长安全管理培训教学的需要，较以往的教材编写有很大突破。充分体现了中华全国总工会、国家煤监局《关于加强煤矿班组安全生产建设的指导意见》和国家安全生产监管总局、国家煤监局《关于进一步加强煤矿班组长安全培训工作的通知》对煤矿班组长安全培训的新要求。本书以煤矿现场安全管理和劳动组织管理为主题，是专门为煤矿班组长而设计编写的工作实用教材。书中不仅吸收了国内外优秀的班组管理理论和研究成果，而且选取了大量紧贴基层班组管理实际的经典案例，同时还注重班组长的安全素质和现场管理能力的提高，以期对煤矿基层安全管理工作起到明确具体的指导作用。

煤矿班组长安全管理培训是一项系统工作，需要有科学的统筹和长期的坚持。本教材的出版对于提升煤矿班组长的安全素质，提高班组安全生产管理水平，加强煤矿班组建设会有所受益和成效。

山东省煤炭工业局局长

二〇〇九年十二月

# 编　写　说　明

2009 年国家安全生产监管总局、国家煤监局下发《关于进一步加强煤矿班组长安全培训工作的通知》，对新时期煤矿班组长安全培训提出了新的规定和要求，并启动了"万名班组长安全培训工程"。为此，山东省煤矿培训中心组织编写了《煤矿班组长安全管理培训教材》。该教材是煤矿班组长安全资格培训的专用教材，同时也是煤矿班组长日常安全管理的自学读本。该教材具有突出时代特色：

（1）体现煤矿班组建设的最新规定和要求。该教材依据《煤矿安全培训教学大纲》，重点突出了煤矿班组建设和班组管理，体现了中华全国总工会、国家煤监局《关于加强煤矿班组安全生产建设的指导意见》和国家安全生产监管总局、国家煤监局《关于进一步加强煤矿班组长安全培训工作的通知》对煤矿班组长安全培训的新规定和新要求。

（2）针对性和实用性强，适应加强班组建设和班组长安全培训教学的需要。该教材在内容上突出班组建设、现场安全管理和劳动组织管理，较以往的教材编写有所突破。

（3）理论阐述简明扼要。班组建设、劳动组织管理、安全管理和法律法规的理论阐述简明扼要，通俗易懂；对经典案例上进行了深度分析和解读；现场安全管理流程化。使培训内容易学、易懂、易于掌握，增强了其实用性和可操作性。

本教材在编审过程中，得到了兖矿集团安监局、新矿集团教培部、枣矿集团安监局、肥矿集团安监局、肥矿集团安培中心、鲍店煤矿、孙村煤矿、东滩煤矿、翟镇煤矿、蒋庄煤矿、济宁三号煤矿、南屯煤矿、北宿煤矿、兴隆庄煤矿培训中心等单位的大力支持和协助。在此，谨向上述单位的领导和专家表示衷心地感谢！

由于编写时间短，难免出现错误，敬请多提宝贵意见。

编 者

2009 年 11 月

# 目　　次

# 第一章  班组的性质、特征和作用

## 第一节  煤矿班组的性质

### 一、班组的概念

班组是现代企业的基层管理组织。日本称为"作业长制"，欧美称为"领班制"，港台则称为"拉长制"（line，音译），国内称班组长、线长、工段长制等，虽然名称各异，但性质基本相同。

作业长相当于大车间里的工段长或小车间里的班组长，处于管理层次的基层。作业长制相对于传统的工段长制，在性质上和权责分工上具有重大区别。

作业长制和传统工段长制区别

| 名　称 | 性　　质 | 权　　力 | 责　　任 |
|--------|----------|----------|----------|
| 工段长制（传统班组） | 基层生产指挥者，组长是"兵头"，非干部身份 | 权力较小，仅有生产指挥权 | 责任小，仅有生产任务责任 |
| 作业长制（现代班组） | 基层的一级管理者，组长是"将尾"，纳入干部管理 | 权力较大，既有生产指挥权，还有行政管理权，如任免权、奖金分配权、建议权等 | 责任大，包括安全、产量、质量、成本、效益、技术、员工培训 |

传统意义上的工段长制转变为现代管理的作业长或班组长制，实现了管理重心下移，管理重心从车间主任转移到工段长或班组长，是一次重大的体制改革。国务院国有资产监督管理委员会在《关于加强中央企业班组建设的指导

意见》中对班组性质作了科学阐述："班组是企业从事生产经营活动或管理工作最基层的组织单元，是激发职工活力的细胞，是提升企业管理水平，构建和谐企业的落脚点。"中华全国总工会、国家煤矿安全监察局《关于加强煤矿班组安全生产建设的指导意见》中把煤矿班组定义为："班组是煤矿安全生产的最基层组织，煤矿安全生产法律法规、规程、标准和相关规章制度的贯彻落实，以及先进适用安全技术的推广应用都要落实到班组、体现在现场。关口前移，实现班组规范化管理、标准化建设，是夯实煤矿安全基础，创建本质安全型煤矿，推进煤矿企业安全发展和可持续发展的关键环节"。

在我国，班组长制度大体经过了 3 个发展阶段。

1. 社会主义建设发展初期（1949—1978 年）

班组建设特点：按照上级指令性计划组织生产，以行政权力为中心、自上而下运行的基层劳动组织。

标志性班组：被誉为"我国班组建设的摇篮"的先进班组马恒昌小组、大庆王进喜率领的 1205 钻井队、郝建秀班组、赵梦桃班组以及"毛泽东号"机车组等先进班组。

班长特质：老黄牛精神，集体主义观念。

职工追求：崇尚大公无私、苦干实干、勤俭节约、艰苦奋斗。

2. 改革开放时期（1978—2001 年）

班组建设特点：以班组承包制和安全、效益为目标，实行组长负责制。

标志性班组：包起帆所带领的上海国际港务集团吊装班；上海电气液压启动有限公司液压泵厂李斌班；许振超带领的青岛港前湾集装箱码头桥吊队等。

班长特质：团队意识，懂经济会管理，技术能手。

职工追求：当技术能手，练技术绝活，追求岗位自学成才。

3. 国企进入国际经济舞台时期（2001—2009 年）

班组建设特点：以人为本，追求品牌和个性，着力创建学习型、团队型、创新型、安全型、自我管理型高效班组。

标志性班组：中国航天科技集团公司八院 800 所的"唐建平班组"；江铃

汽车集团公司"袁政海班组"等。

班长特质：政治强、业务精、懂技术、会管理和具有现代企业意识的基层管理者，有员工职业发展规划，团队愿景，个人魅力，具有知识型、科技型、优秀管理型等新特点。

职工追求：做高级技师、首席工人、蓝领精英当成职业追求和人生奋斗的目标。

从 1949 年至 2009 年的六十年间，班组作为企业的基层组织，政治地位不断提高。国家和国内许多企业坚持制度性地研讨、表彰先进班组，总结推广班组管理经验，许多企业已经把组长纳入干部管理，增加岗位津贴。

班组管理水平不断提升。班组管理早已从"抓革命、促生产"、"大干快上，力争上游"发展到"比干劲、比产量、比奉献"再发展到"学文化、学技术、学管理"；班组管理从由单一型、劳动型、粗放型逐步向技术型、自主型、规范型、精细型、科学型、学习型转变。

班组创新成果不断涌现。宝钢梅钢公司的"351"班组建设体系，即通过班组建设，实现"提升效益、管理、创新"三个指标，增强员工的学习能力、创新产出能力、和谐沟通能力、自主管理能力、团队协作能力五种能力，把班组建设与国际先进的基层管理模式即作业长制的推进工作有机结合；海尔集团以班组为单位建设联合舰队式的 SBU 团队；中国移动广东公司创新班组管理的"活力 100 卓越班组建设"，从一个班组的角度对整个公司层面的 PEM 七大模块进行分解、优化和选择，进而将其塑造成为班组的日常工作规范，把企业所关注和思考的价值观引导、明确目标、战略落地、过程管理、资源配置、测量分析与改进以及班组工作结果等 7 个方面的管理流程利用系统数据不断改进。

## 二、班组的组成

班组是为实现企业的组织运行目标，根据劳动分工与协作的需要，按照工艺或产品而划分的基本作业单位。班组由同工种员工或性质相近、配套协作或从事上、下操作工序的不同工种员工组成，相对独立地完成特定的生产和服务任务，是企业最基层的生产单位和安全管理组织。

煤矿班组是煤矿企业根据煤炭生产劳动分工与协作的需要，按照生产过程的不同工艺或不同产品（劳务）为原则划分的基本作业单位。企业中既包括由直接从事生产或提供服务的员工组成的班组，也包括由辅助工人、管理人员、技术人员、后勤人员等组成的班组。

班组设置的一般原则：一是生产工艺化原则，是指企业集中同类型的工艺设备和同种技能的工人对不同产品进行相同的工艺加工。二是对象专业化原则，是指按照生产某种产品或零部件的需要，集中多种生产设备和不同工种的技术工人，对相同的劳动对象进行不同工艺的加工。三是混合原则，是指生产工艺化原则和对象专业化原则相结合。

煤矿生产班组一般是根据企业区队生产任务、操作工艺要求、工作场所以及现代管理的需要来设置，应从煤炭企业的安全生产实际情况出发，加强煤矿企业管理层与班组执行层的沟通与交流，从而达到班组机构设置系统化、工作标准化、管理信息化目的，以适应煤矿安全、生产、成本、管理及机制转换的需要，实现"有利于安全，有利于生产，有利于管理，有利于提高经济效益"的目标。

我国目前班组建设模式有："四型"班组——清洁型、节能型、和谐型、安全型，"五型"班组——学习型、安全型、清洁型、节约型、和谐型（技能型、效益型、管理型、创新型、和谐型），"六型"班组——学习型、自主管理型、文化型、创新型、精细化型、高绩效型等。不同模式的班组创建活动既是加强班组建设的有力举措，又是以班组为核心推动基础治理的重要形式，体现了新时期班组建设的基本目标和发展方向。

随着企业组织结构扁平化、运行柔性化、联系网络化和形态虚拟化的迅速发展，正在显著改变着班组的运转条件和生态环境，对班组建设与管理提出了全方位的新挑战。适应企业组织变化发展趋势，以任务为导向的跨职能动态组合团队正在成为现代企业在班组层面探索组织变革的方向。

班组自身并不是孤立存在的，而是在某种特定的外界环境中运行。班组中既有看得见的或有形的物质生产活动，也有许多看不见的或无形的精神塑造活动。因此，班组的构成，有人、原材料、设备、工艺和环境等五大因素。在企业的各种相互关系中，班组是企业的各种物质与精神关系的总和，也是企业进行社会主义物质文明和精神文明建设的阵地。

### 三、班组的任务

不同行业对班组的基本任务有不同的规定，煤矿班组的基本任务一般概括为：认真贯彻落实"安全第一，预防为主，综合治理"的方针，坚持煤矿安全生产，全面完成和超额完成生产（工作）任务；以提高经济效益为中心、提高产品质量和降低物质消耗为重点，认真落实经济责任制，搞好技术管理、质量管理、设备管理和民主管理等各项工作；组织班组职工学政治、学法律、学文化、学技术、学管理，不断提高员工政治素质、文化技术素质和管理素质；积极开展社会主义劳动竞赛、技术革新和合理化建议活动，不断提高班组管理水平。

企业在不同的发展历史时期，对班组的基本任务会提出不同要求，山东省煤炭工业局把现阶段煤矿班组建设的目标规定为：通过持续、有效地加强班组建设，提高防范事故、保证安全的五种能力：抓好班组长选拔任用，提高班组安全生产的组织管理能力；加强安全生产教育，提高班组职工自觉抵制"三违"行为的能力；强化班组安全生产应知应会的技能培训，提高业务保安能力；严格班组现场安全管理，提高隐患排查治理的能力；搞好班组应急救援预案演练，提高防灾、避灾和自救等应急处置的能力。在全省建成一批高质量的"五好班组"（团队建设好，责任落实好，学习技术好，安全质量好，任务完成好），把班组建设成为安全、文明、优质、高效、节能的生产单元。鉴于现代班组功能的日趋全面化，班组的基本任务也可以从"安全管理、生产管理、质量管理、其他工作（考核分配、教育培训、思想政治）"等四个方面具体设置和细化。

 **阅读材料**

## 班组组织建设创新

——永安煤业公司把班组长纳入干部管理。仙亭矿加强了对一线班组长的管理，把一线班组长纳入干部管理范畴，在政治上偏爱一点，经济上倾斜一点，同时赋予班组长更多的权利，大大激发了班组长的工作热情。实行竞聘上岗，通过群众测试、领导面试、组织考核等程序，切实把那些生产技术好，思想素质好，综合能力强的一线工人选拔到班组长岗位上来；把班组长作为队级干部的后备人选进行培养；作为发展党员的重点对象优先考虑。二是工资分配实行倾斜。该矿每月给予班组长200～300元的津贴，另外还给予月度安全生产考核奖励，当班组月度工程质量达到计划质量等级要求时，按吨煤或每米进尺再奖励一定金额。三是赋予班组长更多的权力。主要包括班组长共同参与成本核算，享有组织生产权、安全管理权，对发现问题组织整改的有补工权，对不服从现场指挥的有处理权等。

——西安车辆厂设置班组"小政委"。这些被职工称为"小政委"的政工班长们，在班组内坚持职工学习、思想分析、家访谈心、民主管理、互帮互学和资料管理等六项制度，为企业思想政治工作注入了生机和活力。

"春江水暖鸭先知"。生产班组历来是企业管理的前沿阵地，是直接反映职工思想情绪的晴雨表、温度计。从生产班组发出来的呼声和建议贴近实际，所反映的问题也最真实。了解生产班组的基本情况，等于把握住企业生存发展的脉搏。因此，应该在企业中培养、建立一支不脱产的班组"小政委"队伍，把政治素质高，有一定理论水平和组织能力的党小组长、党团员骨干和工会积极分子推上政工班长位置，在党组织的领导下，牢固占领生产班组的思想政治工作阵地，在管理中真正起到理论学习的辅导员、生产经营的鼓动员、职工思想矛盾的疏导员作用。

——大庆石化炼油厂二套常减压车间班组设置流动"安全哨"。为了杜绝习惯性违章，做到安全问题不出班组，设立了"班组流动安全员"。车间制定了《班组安全员轮换制》，要求班组安全员负责本班组当班8小时的装置现场安全；检查和监督各岗位执行安全规章制度情况；对装置内的危险源、消防设施、员工上岗精神状态、劳保着装等情况进行全面检查；对"三违"现象及时发现、及时纠正、及时记录、及时汇报（车间）；并结合班组日分析记录，提出具体安全要求。通过角色互换，全员参与，每名员工都自觉当好

"安全哨兵"，自觉学习安全知识和安全技能，达到了提高全员安全意识、安全技能、营造安全氛围的目的。

## 【讨论与思考】

阅读下面的材料，思考讨论下面的问题。

资料1：中央企业共有各类班组62万多个，其中生产型班组占71.8%，服务型班组占28.2%。从班组长的学历层次看，具有大专以上学历的占49.1%。从班组长的职业技术资格来看，具有高级工以上的班组长占50.3%，从年龄结构看，35岁以下的占43.4%，目前，各中央企业基本上都制定和形成了适合本企业特点的班组工作模式。

资料2：某国有煤矿班组长大专以上的占3.9%，中专（高中）的占81.6%，初中及以下的占16.4%，中共党员占35%；平均年龄42.05岁，其中年龄在40岁以上的占67.91%，30至40岁之间的占31.34%，30岁以下的占0.75%。班组长平均从事井下工作时间为20.71年，工作时间在10年以上的占97.58%，10年以下的占2.42%；担任班组长平均时间为6.476年。从班组长选举途径来看，工区选拔班组长任命的占总数的90.99%，工区推荐人选、班组成员民主选拔的班组长仅占总数的9.01%。但是从群众民意测评结果来看，有84.84%的职工认为目前的班组长称职，能够较为出色地完成工作；11.88%的职工认为班组长基本称职，能够较好地完成工作，3.28%的职工认为现任班组长不能够胜任本职工作。

阅读以上资料，请结合本单位和自身实际，思考下列问题，并把你的观点与看法写出来：

(1) 近几年煤矿班组长队伍建设取得哪些进步？

(2) 目前煤矿班组建设突出存在什么问题？

(3) 今后应该从哪些方面入手改进班组建设？

## 第二节 煤矿班组工作的特征

煤矿班组是企业、区队与职工联系的桥梁。虽然班组的结构、概念基本相同，但由于所接受的生产任务和工作性质不同，班组工作模式也不尽相同。煤矿生产主要是地下作业，条件艰苦，自然灾害多，危险源辨识困难，如此特殊的生产环境决定着煤矿班组工作有其独特的特征。

## 一、复杂性

煤矿井下的各类班组与其他工业企业的班组工作不同，他们工作地点在煤矿井下各个巷道、工作面、掘进迎头和生产硐室，经常接触的是煤层的顶底板、水、火、煤、瓦斯等一系列危险源和灾害隐患，地质条件极为复杂，这一切决定了煤矿班组工作的复杂性。表现为工作现场范围虽然较小，但配置的操作工种繁多，作业分工复杂、细致。施工工序复杂，班组工作地点周围自然条件复杂。

## 二、多变性

从采煤班组工作的劳动组织形式看，根据滚筒采煤机组和综采机组工作面的劳动组织形式不同可分为专业工种和综合工种。随着工作面长度、煤层厚度等条件的变化，其组织方法（如追机作业、分段作业和分段接力追机作业）也要进行变化。如果工作面顶板条件较好，采高较大（中厚煤层），工作面较长（大于130m），出勤人数较少，单向割煤时，采用专业工种追机作业的组织形式。通过这种分工明确的单一组织形式，能大大提高劳动生产率。但是，如果工作面缩短（小于130m），截深较小（0.6m），出勤人数较多，双向割煤时，则应变换为分段作业。劳动组织直接影响劳动生产率的水平，如果不及时合理地调整劳动组织形式，两种作业方法的优点和机组的优势就得不到发挥。

## 三、流动性

工作地点的随时变动决定了班组工作具有较强的流动性。煤矿生产一环扣一环，掘进先行，采掘并举，以掘保采，以采促掘，薄厚配采，这是煤矿生产特有的客观规律，又是煤矿生产必须执行的有关技术政策。

如果一个班组开拓主要运输巷，巷道服务年限长、断面大，在一个工作地点一干就是几个月或几年。相反，开掘回采巷道服务年限短，支护方式简单，几十米的巷道十几天就可以完成。同样，煤层薄厚、工作面长度不同，在一个工作地点的工作时间长短也不同。当一个班组开采厚煤层或中厚煤层时，在一个工作面的工作时间要长达几个月或十几个月。开采工作面短、煤层薄的工作面时，几十天就可以完成。

另外，煤矿用工形式日趋灵活，加之煤矿井下生产的特殊性，职工轮换频率较高，班组职工流动性较强，形成煤矿班组较为特殊的生产和人员双流动特点。

### 四、协同性

协同性主要是指煤炭生产环节的整体协同。矿井的生产过程包括若干个环节，其中以煤炭为劳动对象的基本生产环节，有生产准备、回采、矿井运输、筛选、铁路装车等。另外，还有为保证基本生产正常进行所必需的各种辅助生产和服务性生产环节，如设备维修等。每个生产环节又可分为若干个工序，生产过程的各个环节、各道工序组成了一个有机整体。班组是整个生产过程有机整体中的一部分，是每一个环节或每道工序的承担者，只有每个班组分工协作，密切配合，各个环节、各道工序才能处于一环套一环的紧密联系之中，每一车煤、每一车岩石才能从工作面安全输送到地面。每个班组都应树立整体观念，组织严密，内外协调，配合默契，使整个生产过程衔接成一条完整的链条，以保证煤矿和生产计划的完成。

### 五、全总性

各项规章制度的贯彻落实、各项安全技术的推广应用最终都要落实到班组、体现在生产现场。煤矿班组作为安全生产管理体系的基本单位和最小单元，具有"小"、"细"、"全"、"实"的特点。

所谓"小"，即单位小、人员少；所谓"细"，是指处于工序中的一个小环节和煤矿有机体的"神经末梢"；所谓"全"，指的是结构全，涉及生产、安全、计划、管理、人事、教育、培训等人、财、物的方方面面，麻雀虽小，五脏俱全。所谓"实"，指的是身处一线前沿，用的是真刀实枪，演的是现场实战，必须真抓实干，来不得半点虚假，出不得丝毫差错，容不得半点偷懒。小班组是大生产的浓缩版，反映了大企业的方方面面。因此，班组在建设本质安全型矿井，提高基层战斗力，提升企业管理水平等方面举足轻重。山东省煤炭局要求企业班组建设必须在思想认识上作为"一线工程"，在组织领导上作为"一把手工程"，在建设体系上作为"一条龙工程"，在工作落实上作为"一贯制工程"。

 阅读材料

## 白国周"班组安全管理九法"

平顶山煤业集团七星公司开拓四队班长白国周在生产过程中，严格落实安全生产的各项制度，不断探索班组安全管理的新方法。他先后总结提炼了理念引领法、班前礼仪法、指令处理法、"三不少"隐患排查法、"三必谈"身心调适法、"三快三勤"现场管理法、互助联保法、手指口述交班法、亲情和谐法等"班组安全管理九法"，并坚持把这些管理方法运用到生产实践中去，创造了22年没有出现任何安全事故的奇迹。

1. 理念引领法

理念引领法主要包括提炼理念、宣传理念、践行理念。

提炼理念：倡导工友每人提炼自己的安全理念，粘贴在全家福下面。

宣传理念：利用班前会、班后会时间，采取看电视、读书读报等形式，组织工友学习安全知识，灌输安全理念，加强安全教育；运用事故案例进行警示教育，组织工友讨论，使大家时刻绷紧安全弦。

践行理念：牢记并践行安全理念，使每个人的安全理念成为自己安全行为的准则和目标追求，内化于心，外化于行。

2. 班前礼仪法

班前礼仪法的主要内容包括值班领导点名，安排布置工作；班长讲评当班安全生产注

意事项；职工对有关工作和注意事项进行点评；班长带领大家进行安全宣誓；更衣后，班长带队，集体下井。

3. "三必谈"身心调适法

"三必谈"即发现情绪不正常的人必谈，对受到批评的人必谈，每月必须召开一次谈心会。

发现情绪不正常的人必谈：注重观察工友在工作中的思想情绪，发现情绪不正常、急躁、精力不集中或神情恍惚等问题的，及时谈心交流，弄清原因，因势利导，帮助解决困难和思想问题，消除急躁和消极情绪，使其保持良好心态投入工作，提高安全生产的注意力。

对受到批评的人必谈：对受到批评或处罚的人，单独与其谈心，讲明批评或处罚的原因，消除其抵触情绪。

每月必须召开一次谈心会：坚持每月至少召开一次谈心会。工友聚在一起，畅所欲言，共享安全工作经验，反思存在的问题和不足，相互学习、相互促进、取长补短、共同提高。

4. 手指口述交班法

当班工作结束时，班长要向下一班班长进行手指口述交接班，将当班任务完成情况、未处理完的隐患和需要注意的问题，向下一班班长交代清楚。

特殊工种岗位上的职工也要向下一班接班的职工进行手指口述交接班，未处理完的问题要口传口、手交手，详细地交代给对方，待对方同意并接班后方可离岗，随当班人员一起集体升井。

5. 互助联保法

互助联保法主要包括集体上下班、相互观察、师徒连带。

集体上下班：入井、升井时，由班长举旗带队，全班人员列队到达工作面或升井到达地面，避免个人单独入井、升井时发生违章行为。

相互观察：针对施工过程中出现动态安全隐患的实际，要求全班都能做到既是施工者，又是安检员，时刻注意观察工友身边的工作环境，并能做到相互提醒、相互帮忙、互助联保。

师徒连带：班里新工人拜老工人为师，签订师徒合同，结成一帮一对子。工作中，老工人带领新工人下井，传授相关安全技能，并对新工人进行帮助和约束。出现违章，师徒共同受到处罚；没有违章，且师傅所带新工人业务水平有明显提高的，对师傅进行奖励。

班里的人虽然都被白国周不留情面地批评过，却没有一个工友记恨他，更没有人因为挨了训跟他对着干。一提起班长白国周，班里的工友个个都很佩服、感激他。一位工友说："一个班里的工友就是亲兄弟，在井下，我们不仅要自保，更要互保、联保，在安全生产上如果班长不严、不管、不问，那才是对我们不负责任。"

6．"三不少"隐患排查法

"三不少"即班前检查不能少、班中排查不能少、班后复查不能少。

班前检查不能少：坚持接班前，对工作环境及各个环节、设备依次认真检查，排查现场隐患，确认上一班遗留问题，并指定专人进行整改。

班中排查不能少：坚持每班对各个工作地点进行巡回检查，重点排查在岗职工精神状况、班前隐患整改情况和生产过程中的动态隐患。

班后复查不能少：当班工作结束后，对安排工作进行详细复查，重点复查工程质量和隐患整改情况，发现问题及时组织处理，处理不了的现场向下一班职工交代清楚，并及时汇报。

7．"三快三勤"现场管理法

"三快"即嘴快、腿快、手快。

嘴快：安排工作说到、说详、说细、说清、说明，发现工作不到位或哪里容易出现问题就及时提醒。

腿快：认真落实"三不少"制度，对班组所管的范围，不厌其烦地巡回检查，每个环节、每台设备都及时检查到位。

手快：无论到哪个地方，发现隐患和问题，现场能处理的当即处理，处理不了的及时汇报。

"三勤"即勤动脑、勤汇报、勤沟通。

勤动脑：结合生产现场实际，对遇到的困难和问题，勤动脑、勤思考，并灵活运用各种方法，迅速组织处理。

勤汇报：对发现的隐患和问题，尤其是有可能影响下一班安全生产和工程进度的，及时向上级汇报，使上级在第一时间能掌握生产一线的工作动态，合理分工，科学调度，统筹安排。

勤沟通：经常与队领导沟通，了解队里的措施要求；与上一班和下一班人员沟通，了解施工进度和施工过程中存在的问题；经常与工友沟通，掌握工友工作和生活情况。

8. 亲情和谐法

亲情和谐法主要包括亲情、文明、民主、和谐。

亲情：准确掌握班里每个工友的家庭详细情况。工友过生日，组织大家一起去庆贺；谁家有困难，组织大家一起去看望；工友心里有解不开的疙瘩，组织大家一起去开导；逢年过节，工友都带着家人一起聚会、一起热闹。

文明：针对井下职工习惯性说脏话、开玩笑过火等不文明现象，要求班组成员做文明人、行文明事、上文明岗，避免因伤和气影响团结，避免因不良情绪影响安全生产。

民主：分配工资时，广泛征求工友的意见，根据生产任务、安全状况、工程质量、文明生产等日常考核情况进行分配，并找几名班组成员全程监督。

和谐：工友在工作中偶犯错误，不乱发脾气，生硬批评，而是循循善诱，因人施教，耐心指出问题的根源；遇到问题时，不自作主张，和工友一起协商解决。

## 【讨论与思考】

1. 对照白国周工作法，反思你的班组长工作，差距在哪些地方？
2. 阅读下面的材料，讨论回答下面的问题。

### 大庆油田班组员工的"五盼"

一盼提高待遇。很多一线工人反映工资太低，与所付出的劳动代价不等值。钻井有位工人，今年40多岁，应该算是"老钻井"了。谈起业绩和技能，他显得很自豪："现在，大学毕业生也抵不过我啊！他们有理论知识，我有很好的技能。"然而，一谈起待遇问题，他就一脸无奈。愤愤地说："同样是人，我甚至付出的劳动要比别人还多，面临的危险也大，撇家舍业不容易。结果，挣得却比人家少得多。"他掰着指头一笔笔地算，都加在了一起，税后的工资只有1500多元。20多年工龄的他，却赶不上工作两三年的大学生拿得多。他很遗憾地说："挣工资不如别人多，连老婆都瞧不起，说我没能耐。"

二盼能参加技能培训。有员工直言："现在，有人认为一线工人就是听吆喝的，干苦力活儿的，不需要技能。所以，我们就得不到更多的技能培训。"据调查，有不少一线工人参加工作后，还一直未接受过技能培训。只有眼巴巴地看人家当头头的今天上这个班，明天去那个学校。有工人说："现在，我们很担心，没有技能的人能走多远。"员工们盼望企业能给自己更多的关注、更多的培训机会和更多的出路，不要让他们走进死胡同。

三盼公平竞争。有专家称，有些一线工人虽然学历低，但不等于能力就低。他们中，有很多人经验丰富，能力超群。可企业却没给他们更多的机会来展现、发挥。如今，选聘班组长、小队长，往往都是上级领导凭感觉和关系指派。对此，很多员工不理解，认为这是一种不公平竞争。这种不公平会让一些无能力的人领导有能力的，造成一些人心理失衡。一线员工呼吁：选聘班组长要公开竞争，谁有能力谁上。

四盼得到尊重。有员工说："一线工人也是人，可是有时就得不到人格上的尊重，动不动就让我们加班加点，而且连加班费都不给。若你提出要求，人家就'威胁'你，不是扣罚奖金，就是转岗"。有人还认为，一线工人没能力，没权利，就是干力气活儿的。他们盼望能得到更多的人格尊重和理解，让心里不憋屈。

五盼安全保健。一线工人，有不少岗位是危险、有毒有害的岗位。现在，虽然这些岗位工作环境不断改善，但仍然存有危机。因此，他们希望这样的岗位能得到更多关注和重视。一是提高这些岗位工人的待遇，让这些工人更热恋岗位；二是投入资金，改善工作环境，让一线工人远离危险和危害；三是定期为这些岗位工人进行体检，保证身体健康。

读了上述材料，对照本班组的实际情况，你认为目前你们班组的工人对班组工作的期待是什么，如何针对工人们关心的问题改进你的工作？

# 第三节　煤矿班组的作用

## 一、班组是企业生产经营活动的基本组织

煤炭生产基本依靠班组组织、指挥、控制、协调，班组是各类计划、任务、目标的具体执行者，各项规章制度的贯彻落实，各项安全技术的推广应用最终都要落实到班组、体现在现场。所以班组是一个企业最小的基层组织，是煤炭企业组织结构的基础，是企业的组织细胞。煤炭企业的生产过程必须在空间上、时间上衔接、协调起来，必须保持连续性、比例性、节奏性，满足均衡生产的要求。一个班组虽然只是一个局部环节，但如果它与企业整体脱节，完不成既定的生产或工作任务，就会破坏企业的均衡生产，会造成生产的中断，

所以班组是煤矿生产经营活动中不可缺少的基本环节。

上面千条线，下边一根针，作为企业最基层组织的班组，就是承接上面千条线的那根针。透过班组这个针孔，折射出企业管理的方方面面。因此，国家要求企业必须建设"安全文明高效、培养凝聚人才、开拓进取创新、团结学习和谐"的企业基层组织，为职工搭建不断提升技能水平、充分展示自身能力和抱负的平台。

## 二、班组是企业安全生产的重要基础

安全是煤矿工作永恒的主题，煤矿企业安全的基础是班组安全生产。作为企业安全生产的最基层组织，班组既是各项安全规章制度的落实主体，也是产生违章作业和发生事故的"高危"主体。从近几年煤炭行业发生的重大事故统计看，安全事故 80% 都是由于"三违"造成的，而 90% 以上事故都发生在班组。因此，班组是企业预防事故的第一线阵地，是企业各项安全管理的最终落脚点，企业创建的整体安全管理成果最终要在班组中实现，班组对企业下达的安全生产的每一项措施，每一项要求及每一项任务都要力求百分之百地贯彻落实。俗话说："基础不牢，地动山摇"，班组安全建设在企业的安全生产中具有举足轻重的作用，加强班组安全管理是夯实企业安全基础、实现企业本质安全的关键，也是减少事故最切实、最有效的方法。

## 三、班组是现代煤矿企业管理的基石

煤矿班组是煤炭企业里最基本、最鲜活的组织细胞，是煤矿企业从事生产经营活动的基本作业单位，是企业里最基层的劳动和管理组织，是现代煤矿组织结构的基石，是提升企业管理水平建设现代化企业的需要。企业的执行力要在班组中体现，企业的效益要通过班组实现，企业的安全要由班组来保证，企业的文化要靠班组来建设。加强班组建设，提高班组工作、管理水平，是提升企业管理整体水平的重要组成部分，是企业面向未来、着眼长远的战略举措。李荣融同志谈道："看企业有没有竞争力，关键要看班组、看岗位。没有优秀的班组作为基石，企业的腾飞就是一句空话。世界上跨国公司和具有综合竞争能力的企业，没有一个是班组建设搞得不好的。如果班组建设搞不好，企业可以兴旺一时，绝不会持久。"

## 四、班组是企业内各项工作的落脚点

从煤炭企业组织结构看，班组在组织金字塔中居于最底层。现代企业实行统一领导、分级负责的组织管理原则，不管分几级管理，最基层的管理组织都是班组。从横向看，企业生产在时间、空间上互相衔接和协调，一个班组无论处于哪一个环节，如果它与企业的整个生产脱节，不能完成既定的生产任务或工作任务，就会破坏整个企业的均衡生产，甚至造成企业生产流程中断。即使是独立作业或单独完成最终产品或提供相对完整服务的班组，虽然它的生产或服务好坏对本企业的生产流程影响不大，但最终也会给其他企业、其他部门（包括流通与消费领域）带来不良影响。

同时，班组又是煤矿企业政治文明、精神文明、物质文明建设的落脚点。加强班组建设，增强基层干部的工作能力，提高广大职工的综合素质，不断提升基层组织和干部职工的执行力、战斗力和创造力，对于充分发挥基层组织的基础保障作用、实现煤矿企业又好又快发展至关重要。

## 五、班组是员工培训学习提高技能的重要平台

煤矿现代化生产对煤矿员工文化素质、操作技能水平提出了更高的要求，只有"复合型"、"智能型"和"多面手"的现代矿工，才能适应煤矿现代化生产的需要。煤矿企业员工是否精通本职业务，能否掌握现代科学技术，政治水平如何，决定着煤炭企业现代化建设的成败。

随着煤炭生产的规模化发展和设备更新，新工艺、新技术的广泛应用，对职工文化、技术素质的要求越来越高，煤矿员工的日常技术培训、技能提高、科普知识学习、思想教育，主要是依靠班组结合生产任务在现场进行，班组是职工工作、生活、学习的基本场所。创建学习型班组，鼓励员工在工作中学

习，在学习中提高，成为现代煤矿建设员工终身学习和终身职业培训的基本形式。如班组内开展班前（后）安全培训，岗位练兵、技术比武、师徒结对，推广新技术、新材料、新工艺、新设备、技术革新等，这些都可以在班组这个"小天地""大课堂"里进行。

## 六、班组是企业文明建设的主阵地

企业大政方针、战略规划的实现，取决于各个基层班组的组织状况和执行过程。班组人员素质高低、组织能力强弱，直接关系到企业生产运行是否平稳，产品质量的高低，生产成本的大小，最终影响企业的经济效益。班组劳动竞赛、小改革小发明竞赛、班组民主管理和岗位练兵等为重点内容的班组建设与管理活动，成为我国国有企业的管理特色和组织传统，班组成为企业物质文明与精神文明建设的主要阵地。

生产任务的完成，经济效益的提高，新设备新技术的推广，工艺流程和管理方式的改革等，都需要发挥班组的创造性，运用职工的智慧和实践，并在班组全体员工的广泛参与下落实和实施。健康矿风的培育，和谐劳资关系的形成，文明生活方式的建立，职工文化技术素质的提升等，都需要从个人、班组、团队开始，聚沙成塔、集腋成裘、日积月累、蔚然成风。因此，班组既是企业物质文明，又是企业精神文明建设的主战场和主阵地。

 阅读材料

## 历史上的明星班组

1. 马恒昌小组

马恒昌（1907—1985）是新中国第一代著名的全国劳动模范和工运活动家，全国劳动竞赛和职工民主管理活动的创始人，并在国庆一周年宴会上代表工人阶级向毛主席敬酒。

1949 年 1 月，工厂组织开展了迎接红五月生产竞赛活动。马恒昌带领车工组积极参赛，大家一面苦干实干，一面大搞技术革新，生产效率成倍提高，质量合格率达 100%，最终以优异成绩夺得竞赛的第一面流动红旗。

小组命名后，进一步激发了组员的生产热情，在创新纪录运动中，仅半年时间就创造了 10 项新纪录，改造了 18 种工夹具，工效提高 1 至 3 倍，10 名组员在 8 个月内全部加入了中国共产党。在生产工作中，马恒昌注重发挥模范带头作用，同时依靠组员民主管理班组各项事务，提出了"小组的事大家管，小组的活大家干"的口号，在小组内设立生产干事、文化干事、生活干事等六大员，并建立了"首件交检"、"邻床互检"、"三人技术互助"以及安全生产、交接班等项管理制度，极大地发挥了职工参与管理的积极性和创造性，开创了我国职工参加企业民主管理的先例。

1950 年 10 月，抗美援朝战争爆发。沈阳第五机器厂部分职工北迁齐齐哈尔组建第十五机械厂（1953 年改今名），马恒昌响应号召第一个报名，小组第一批人员来到齐齐哈尔市，为建厂和正式投产作出了重要贡献。1951 年 1 月 17 日，为了支援抗美援朝，马恒昌小组通过《工人日报》向全国工人兄弟提出爱国主义劳动竞赛的倡议，得到全国 18000 多个班组的热烈响应，在全国掀起了爱国主义劳动竞赛热潮，从此揭开了新中国工人阶级开展大规模劳动竞赛的帷幕，在历史上被称为马恒昌小组运动。

第一个五年计划期间，他们在主动压缩工时定额的情况下，用 5 年时间完成了 14 年的工作量。20 世纪 60 年代初是国民经济暂时困难时期，他们发扬艰苦奋斗、勤俭节约的精神，连续 7 次主动降低工时定额，为国家渡过暂时困难作出了贡献。

党的十一届三中全会以来，他们立足岗位，积极参加企业改革，学习应用现代化管理方法、先进技术。在生产中挑重担、攻关键、打硬仗，发挥了排头兵作用。1983 年 6 月 9 日，小组提前 16 年 6 个月 19 天跨入 2000 年，走在了时间的前面，被省机械工业厅授予"向四化进军的先锋班组"的光荣称号。1986 年又获得了全国五一劳动奖状。

1992 年 2 月 15 日，为适应改革开放新形势的需要，马恒昌小组联合毛泽东号机车组、赵梦桃小组、大庆 1205 钻井队等 9 个著名先进班组，通过《工人日报》向全国兄弟班组发出了"献绝招，学技艺，争当岗位状元"的倡议，再一次得到全国各地班组的广泛响应，从而掀起了全国职工爱岗敬业、学练技艺的热潮。小组发出倡议后，又在全厂倡议并率先开展学技术结对子活动，拉开了全厂职工学练技艺，提高素质活动的序幕。十几年来，全厂已有 2500 多人参加了结对子活动，为工厂培养出一批又一批的技术骨干。小组有 1 人被评聘为高级工人技师, 3 人被评聘为工人技师, 9 人在厂、市各类技术比赛中取得优异成绩。小组结技术对子活动的经验, 在全国被广泛推广应用, 并取得显著成效。

1996 年至 1999 年, 由于新旧体制转轨和企业历史包袱沉重等诸多原因, 企业处于极度困难的境地: 开工不足; 产品积压; 工资欠发; 人才流失。在这极其特殊的历史时期, 小组认清形势, 顾全大局, 积极支持和参与改革, 努力克服来自精神和生活上的双重压力, 坚守岗位, 负重拼搏, 与企业同舟共济, 坚持做到了搞好小组光荣传统教育, 艰苦创业, 无私奉献的组魂不丢; 搞好形势任务教育, 改革发展的必胜信念不丢; 搞好班组长的言传身教, "五在前" 的模范作用不丢; 搞好结对子活动, 组员的岗位技能不丢; 搞好班组质量管理, 主人翁的责任不丢, 为企业冲出困境, 二次创业提供了巨大的精神动力和宝贵经验。

从 1996 年至 2005 年, 小组的班组建设工作不断创新, 实行了班组长责任制与班组民主管理相结合的机制, 充分调动了班组长和组员两个积极性。他们还根据企业各个时期的形势与任务, 站在企业发展的高度, 先后四次向全厂职工发出倡议, 掀起了 "我为工厂脱困解一难"、"我为工厂发展献一计"、"岗位创优, 为企业扭亏解困立新功"、"优质高效, 诚信务实创新, 为实现企业跨越发展建功立业" 爱厂竞赛活动的热潮, 在企业发展的关键历史时刻, 产生了深远的影响。

在各个历史时期, 马恒昌小组经受了困难与挫折, 胜利与荣誉的严峻考验, 继承和发扬工人阶级的优良传统, 始终发挥先进集体的表率作用, 为企业发展和国家社会主义建设做出了突出贡献。

半个多世纪以来, 马恒昌小组用 56 年的时间, 完成了 86 年的工作量; 产品质量合格率平均达到 99.76% 以上; 累计实现技术革新创新成果 1139 项, 采用先进技术 141 项, 推广先进操作法 97 项; 节约工具、辅料等累计达 385 万多元; 为国家和企业多创效益 1574.2 万元; 摸索、总结、创造出一整套先进实用的班组建设管理经验, 被广泛学习和推广; 小组先后有 52 人被选拔到各级领导岗位, 第三任组长工人出身的董振远 35 岁就被国家第一机械工业部任命为厂长, 这在我国机械工业历史上是极为少见的; 小组有 3 人 5 次被评为全国劳动模范, 12 人 7 次被评为省特等劳模或省劳模, 38 人被评为市特模或市劳模, 3 人被授予五一劳动奖章, 71 人加入中国共产党; 3 人被选为全国人大代表, 创造了届届人大都有小组代表当选的殊荣; 小组 5 次被命名为全国先进集体, 50 余次受到省和部的表彰奖励。

2. 郝建秀小组

郝建秀，1935 年 11 月生于青岛沧口，1949 年 9 月进入青岛国棉六厂，成为一名细纱挡车工。她怀着对新中国的热爱，一心想着多纺纱、纺好纱，为此，她拜老工人为师，刻苦钻研技术，经过 3 年的磨炼，终于熟练地掌握了纺车的性能和操作规律。1951 年在劳动竞赛中创造出一套高产、优质、低消耗的细纱工作方法——郝建秀工作法，在全国范围内推广使用；1953 年被评为纺织部劳模。

郝建秀不仅自己进步，还带出了一批像她一样能干的姐妹，成立了闻名全国的"郝建秀小组"。姐妹们互相学习，互相帮助，取长补短，共同提高。她们经常向全厂职工发起挑战，开展争当"先进生产者运动"、"夺红旗竞赛"等活动，带动了全厂生产效率的提高。郝建秀小组提出"四种精神"：忘我劳动，为建设社会主义甘当老黄牛精神；精打细算，爱厂如家的艰苦奋斗精神；虚心好学，精益求精，刻苦学习操作技术的勤学苦练精神；勇于探索，不断创新的改革精神，成为建国初期全国纺织工人的共同财富。

她先后担任了青岛市委副书记、纺织工业部部长、中共中央书记处书记、国家发展计划委员会副主任等职务。

3. 赵梦桃小组

陕西风轮纺织股份有限公司（原西北国棉一厂）细纱车间乙班四组，1963 年 4 月 27 日由陕西省人民委员会以党的"八大"代表、著名全国劳动模范赵梦桃同志的名字命名为"赵梦桃小组"。

46 年来，小组继承和弘扬梦桃精神，坚持以"高标准、严要求、行动快、工作实、抢困难、送方便"的十八字梦桃精神建组育人，不断创新进取，扎实有效工作，在新的形势下，始终保持了全国优秀先进班组和纺织战线一面旗帜的称号。党和人民也给予了很高的荣誉，小组先后 30 多次被评为全国或省部级先进班组。1986 年被中华全国总工会、国家经贸委命名为"全国先进班组"；1991 年被全国妇联评为"三八红旗集体"；1995 年被评为全国纺织系统"先进标杆班组"；1997、1998 年分别被陕西省总工会和全国总工会评为巾帼"创业明星"集体和"巾帼文明示范岗"；2000 年荣获陕西省总工会"精品班组"称号；2001 年分别获团中央、团省委"全国青年文明号"和"青年文明号标兵"殊荣，2006 年经团中央复验后又被树为"青年文明号"，2006 年 3 月被陕西省纺织工业总公司评为"巾帼文明示范岗"，2008 年 3 月被评为全国"巾帼文明示范岗"，2008 年 4 月被评为"全国工人先锋号"，2009 年 2 月被评为全国女职工建功立业标兵岗。小组组员瞿福兰、韩玉梅、周惠芝、刘小萍等十余位同志被授予全国、省、部级劳动模范；有6人分别出席党的全国代表大会、全国人民代表大会，参加国庆50周年观礼；19人获省、部级技术标兵、操作能手称号。中央电视台、陕西电视台、中国纺织报、工人日报等多家媒体多次采访、报道了小组事迹。

近年来，随着纺织企业改革的不断深化，梦桃小组也面临着新的机遇和挑战。为了适应形势发展，小组提出了"举旗要有新思路，继承要有新内涵，管理要有新方法，先进要有新贡献"的新的管理目标，不断进行管理创新。小组坚持以人为本，创造出独特的管理方法，形成了"四长五员"制的管理体系，建立了"五账一本"小组建设机制，小组提出的"三个换位管理"理念，成为创新管理的一大亮点。小组推行了"四交监督权"民主管理形式，大大提升了小组的管理水平。

小组坚持操作技术精益求精，劳动竞赛形式多样，用集体智慧创造出一流工作业绩。在操作技术上小组严抓善管，使小组成员的操作技术水平始终保持在车间同工种前茅，操作优级率一直保持100%，在近几年的省级技术比武中有2人获技术能手称号，有3人在省级技术比武中获得名次。小组生产综合计划指标月月领先，为企业做出了突出贡献，2001—2007年，小组共超产棉纱41822千克，节约白花5324千克，连续多年被企业树为标兵小组。

小组坚持以梦桃精神建组育人，大力开展团队学习活动，不断增强团队凝聚力。小组坚持继承和弘扬"高、严、快、实"、"不让一个姐妹掉队"的优良传统，把"梦桃精神"教育作为新时期小组建设的"必修课"。通过多种形式，加强对组员的思想教育和小组作风建设，小组成员具有良好的职业道德和高尚的职业情操。小组坚持开展创建学习型班组、争做知识型员工的活动，并将学习与理论和实践相结合，针对生产难点，运用小组集体智慧攻关，创新出了新的高支纱接头和落纱操作法，在全车间推广，保证了新产品的质量，为企业赢得了效益。

【讨论与思考】

阅读下面的材料，思考回答以下问题。

## 资料1："五看工作法"

点名看情绪：每天班组长都要点名考勤，在点名过程中，班组长应注意观察职工有无饮酒、休息是否良好、情绪变化怎样。看是否有不顺心的事，从精神状态、情绪中发现危及安全生产的因素，进而决定是否让其上岗；在分配工作时，有针对性地对情绪低落、精神不佳的人员分配安全系数高的工作，或者安排情绪高的人员提醒协助，对情绪低落、精神不佳的人起监护作用。

交接班看程序：班组长在检查交接班过程中，应注意看职工交接班是否有序、完好，如发现程序纷乱、数据不清，就按照一次作业标准特别提醒或考核交接班有关人员，要求其注意什么、调整什么、监控什么，这有利于安全操作。

班中看隐患：班组长对职工在作业过程中是否按操作规程作业，生产现场是否存在隐患，是否存在安全死角作为监控重点。如发现"三违"现象，要及时制止，发现隐患及时消除，发现不安全死角要及时采取措施。

班后看效果：本班工作结束后，班组长要留心察看工作效果，如材料消耗是否在控制指标内，设备是否运行平稳，当班任务是否保质保量完成，做到交班不交活。

全程看控制：从上班到工作结束下班，这个过程安全控制的好与坏，反映在经济技术指标控制、设备运行状态、故障发生情况、职工精神面貌等方面。班组长应加强对生产全过程的控制，既看重过程，更注重结果，在防止安全事故中，制订详细的操作内容和作业要求。这不仅促进了安全生产，也成为培养高素质职工队伍的重要途径。

## 资料2：班组管理"三字经"

山东新汶矿业集团公司孙村煤矿掘进一区班长刘海春，每天带领11名员工列队下井接班，到达现场后的第一件事就是向大家进行现场安全说明，然后，在带领大家进行了现场安全隐患排查后，才组织分工、进入正常的工作状态，并随时检查现场质量标准化工作。据悉，使这种规范的班组操作流程不走样、不变形的关键，就是该矿为班组管理创造的紧、严、暖"三字经"在做保障。

"紧"即学习培训紧。该矿从改善提高班组长队伍业务素质、知识结构和工作能力上下功夫，认真抓好班组长的培、复训工作。除每年一次安全培训外，所有新任班组长还要参加不少于7天的岗前脱产培训，经考试合格取得资格证书后上岗；而老班组长则每年参加一次复训。

"严"即管理考核严。该矿根据月度对等奖罚、季度末位淘汰的原则，对所有井下班组长实施量化考核，将班组长的工资与出勤、伤亡事故、材料消耗、生产任务、质量标准等考核项目紧密挂钩。考核规定：在回采、掘进、机电、辅助专业的月度百分制考核中，得分前三名奖300元、后三名罚300元，每季度对专业综合成绩末位者给予免职，使全矿班组长始终保持5%的动态流动率。

"暖"即人文关怀暖。该矿牵线搭桥，让班组长每月通过联系书的形式将安全生产、科技创新、生产经营等方面的建议和意见与矿长直接沟通，由矿长协调解决其中的问题；同时，按专业岗位的不同对班组长分别发放"安全质量责任津贴"；还建立了为班组长过生日制度，在班组长生日这天，矿里邀请其家属、子女和所在单位区队长及相关专业人员欢庆生日，营造了浓浓的亲情氛围。

仔细阅读上面两则材料，结合自己在实际工作中的认识与体会，总结一下自己生产和管理实践中的成功经验。

# 第二章　班组长的素质和职责

## 第一节　班组长应具备的基本素质

传统意义上的班组长既是生产者又是管理者，既是"兵头"，又是"将尾"。因此，班组长既要熟练掌握现代化生产技术，又必须熟悉现代化管理的思想和方法。班组长除了具备应有的职业道德和职业技能外，还要有相对丰富的实践经验、较高的思想文化素质、综合业务水平、基本的管理协调能力。在煤炭企业现代化过程中，由于组织机构趋于扁平化，班组的自主性、独立性逐步增强，班组长不再仅仅是"实干家"、"传声筒"，正逐步向管理者、指挥员、技术能手、监管者甚至教育培训者等综合角色转变。

### 一、品德素质

品德素质主要指班组长的政治立场、政治信念、政治态度、政治水平、政策水平等。对党的路线、方针、政策能够正确理解、深刻认识；对企业改革发展充满信心，对企业的经营决策、工作目标能全面了解，贯彻落实。

班组长的思想意识、思想方法和思想修养称为思想素质。包括民主意识、法制观念、文明作风，在新形势下，还要有效益、竞争、服务等一系列新观念。公正廉明，讲究方法，道德品质好，自身修养高。做到"坚持原则不含糊；发扬民主不武断；热情真诚不落俗；平等待人不特殊"。

## 二、管理素质

管理素质主要指班组长应具备管理班组工作的基本知识和基本能力。班组长要有科学管理、民主管理和现代化管理的意识。要了解各项管理基本知识，掌握提高劳动生产率、全面质量管理、经济核算、劳动保护等方面的基本内容和管理方法。要按照建设社会主义和谐社会的要求，推行人性化管理，创建学习型、安全型、清洁型、节约型、和谐型的"五型"班组。

## 三、专业素质

专业素质主要指班组长完成本班组生产任务应具备的基本文化水平、专业知识和操作技能。班组长起码要具备高中以上文化水平，在现阶段，还应通过培训、自学、深造，努力达到大专以上文化水平。班组长要能熟练地掌握生产基本操作技能，熟悉本班组生产各工序的技术标准、工艺规程、操作要领和检测方法；对生产过程中出现的一般性技术质量问题有指导处理能力；对本班组的设备和工具，懂性能、能操作、会保养；善于学习和掌握新设备、新技术、新工艺，是生产技术上的多面手。

## 四、创新素质

创新素质主要指班组长应具有开拓精神和创新能力。随着改革开放的不断深化，煤炭企业现代化的迅猛发展，新观念、新事物、新技术层出不穷，班组内外新形势、新课题、新要求不断出现，要求班组长一定要摈弃陈规陋习，积极学习并运用新知识、新方法，大胆开拓创新，带领全班职工更好地适应不断发展的改革新形势。

 阅读材料

## 镇定自若　积极自救

某矿3402运输巷采用综掘机施工，某月某日中班正在生产时，巷道中部出现大冒顶，将巷道压垮，包括班组长姜某在内的11人被堵在掘进工作面。当时队员们情绪波动很大，有的同志出现了异常行为，班组长姜某发现后先组织人员集合，安抚大家，让大家充满信心。然后让一名比较镇定的老工人与队员在掘进工作面处静卧等待，自己带领两名有经验的工人去查看现场，组织自救。当赶到冒顶处发现漏冒严重时，就先用现场的点柱、木料等支护住稳定地带，防止冒顶进一步扩大，并在处理过程中用矸石敲打供水管路。1小时后，瓦斯检查工经过时，发现了巷道异常并汇报调度室。煤矿安排专人带领抢修巷道，经过3个半小时的紧张抢救，将11人安全救出。在这起事故中，班组长起到了关键作用。

## 【讨论与思考】

阅读下面的材料，讨论并思考下面的问题。

## 班 组 长 的 误 区

（1）重己轻人。在现实生活中，大多数班组长在工作中都心底坦荡，以身作则，办事原则性强。但说话不大注意场合、方式和措词，缺乏耐心和循循善诱的引导，容易挫伤员工的自尊心、工作热情，使一些员工产生不满和抵触情绪，对顺利安全地开展工作产生一定的负面影响。

（2）重公轻私。他们信奉"工作的事再小也是大事，个人的事再大也是小事"，在日常工作中不善于察言观色，不能够关心下属，容易造成少数员工由于公事与私事"撞车"，而班组长又不闻不问，员工自认不被理解，自觉不自觉地将不良情绪带到工作中，无形中增加了工作的不安全因素，因此而酿成的事故时有发生，值得引以为戒。

（3）重罚轻管。现实中有些班组长业务技能素质较高，但视野较窄，管理手法简单粗糙，一味重奖重罚，以罚代管。未能从工作的重要性和每个人的岗位职责出发，进行积极地教育和引导，不能从根本上制止各种不良风气的滋生和蔓延。相反，无形中助长了一

些自由涣散和无视制度约束的现象，给班组安全工作的开展带来一定的阻力和难度。

  1. 上述材料中列举的班组长工作误区在您的工作中存在吗？

  2. 和过去比较，现代班组长综合素质强调和增加了哪些内容？

## 第二节　班组长管理工作的内容

### 一、人的管理

  人的管理即班组长对本班组员工的管理。其中，班组员工对班组长安排指令的服从是关键，而班组长行政权威之外的个人权威成为班组管理的重要因素。班组长的个人影响力不是一朝一夕就能轻易形成的，而是靠自己和员工们的长期共同奋斗过程中逐步建立起来的。班组长不能期望通过一件事或模仿谁就能提高自己的影响力，这是一种长期的权力、智力和情感投资。当班组长具备了一定的个人影响力之后，应在不得不用的关键时刻使用，以应付突发性任务、紧急事件。古人所说"服人者，德服为上，才服为中，力服为下"，指的就是这个道理。

  力服是只靠权力使人服从，是被迫服从。力服的优点是解决问题迅速、简单，特别是对付混乱局面时尤为有效；缺点是下级容易口服而心不服，不能持久，一旦上级权威减弱，下属便会不服并反抗。才服是以自己的才能引导下属，让其理智地服从，但难于使能力超过自己的下属成员服从，甚至会遭到有能力下属的藐视；德服是靠自己高尚的人格使下属心服口服，当前尤为强调班组长要以身作则，有奉献和牺牲精神。

  在人力成本管理上，班组长应根据工作安排统筹考虑，干什么活派什么人，同样的活，一个人干好就不派多人，从节约人工费上堵住最易被人忽视的浪费环节。

**阅读材料**

## 班组管理口诀

生产准备是起点，

生产计划是主线，

过程控制是关键，

生产速度不能慢，

生产统计要精确，

管理工具要全面，

把好安全文明关。

## 二、财的管理

就班组而言，财的管理就是分配管理。班组长要公平公正地对待每位员工，合理分配、奖罚分明。班组长不能任人唯亲、照顾关系、小恩小惠、拉帮结派。在安排工作时，应根据个人能力来合理安排；在分配报酬时，应按照工作的轻、重、脏、险程度合理分配。同时制定相应的考核制度，并严格执行。若工作失误，就要按规定进行考核，做到责任落实，奖罚有据，公开透明，使班组管理形成良好的运行机制。

**阅读材料**

### 改革班组分配　　激活职工热情

近年来，重庆渝阳煤矿为了改革分配制度中吃大锅饭，管理人员变相侵吞职工利益的现象，调动职工的生产积极性，该矿先后采取了计件工资、岗位工资等多种形式的分配制度，但由于多方面的原因，员工的积极性并未真正调动起来。特别是矿井破产重组后，人心涣散，矿井各项基本经济指标都完成不好，且职工间相互埋怨猜疑，踏实肯干的人抱怨自己的收入少了，出工不出力的人认为别人的工资多了，班组职工感觉班组长、队管人员分走了应属于他们的钱，总之，每个月下来，一个人究竟该多少工资，大家都说不清楚。针对分配上的焦点，渝阳煤矿班子领导沉下基层，深入调研，汇集民意，对矿上的分配制度进行大改革，把全矿所有的施工作业明码标价进行公开，各类作业定下标准进度，每个小班施工的是什么类型的作业，打了多少进尺，生产了多少煤炭，掏了多少矸子，按标准对照考核，高于标准（即提高了单进水平）则按相应的加价计算，一个小班结一次账，分配一次工资，以现金形式计入职工个人月工资账户，让职工有一本"干了多少事、得了多少钱"的明白账。在班组长津贴、技术津贴发放上，也体现向一线倾斜、向劳动结果好的倾斜的分配原则，让真正苦干、实干、多干的人得到实惠。与此同时，还在安全管理、假工管理等方面作了一些制度上的明确规定，一是以出勤加奖鼓励职工多出勤，以勤保产；二是以严管重罚的安全管理机制约束员工遵章守纪，干标准活，做放心的安全人。

自推行"干一天活，算一次账，结一次钱"、日结日清的现金分配以来，员工积极性大增，全矿11个掘进工作面就有8个创历史最高水平，技术工人月收入突破2000元；在辅助运输二线，职工们提出了"运煤运矸运钞票，保勤保产保安全"的响亮口号，基层工作步入规范化快车道。

## 三、物的管理

对物品的管理也就是对生产材料的管理。作为班组长，使用生产材料应当抓住四个关键问题，做到物尽其用。一是各项材料的消耗成本通过考核奖罚落实到每个职工身上，使材料管理与个人经济利益挂钩，使员工对生产检修用料标准明确、数量清楚、心中有数、先算后领、计划用料，由"用了算"变为"算了用"。二是建立起班组材料成本日考核、日核算管理体系，让班组员工及时了解当天的管理成果。三是把材料成本纳入班组管理考核的重要内容，促使班组做到安全质量、生产任务、生产成本一起抓。四是组织员工学习技术和业务，杜绝由于技术不到位造成的影响工时和材料浪费，影响工程进度和工程质量，以致造成安全事故。

 阅读材料

## 材料成本管理四大关键

近年来,华丰矿率先在煤炭行业推行"内部市场化"管理,建立健全班组成本核算制度是该矿内部市场化的突破口,其中的关键是"四要":

一要落实到人。各项材料消耗成本要通过考核奖罚落实到个人,班组的材料管理效果也要与个人的经济收入挂钩考核,要实行区队成本管理责任制,进一步明确化、具体化和直接化。彻底杜绝班组对材料大撒手的管理和大敞口的使用及事先无计划、事后无考核、用多用少一个样、责任不清、奖罚不明的粗放式管理办法。要让班组员工真正认识到,浪费了材料就是浪费了自己的工资。同时还能增强班组员工的计划观念,使班组员工对生产用料标准明确、数量清楚、心中有数、先算后领、计划用料、由过去的"用了算"变为"算了用"。

二要转变观念。要通过对班组材料成本的日考核、日核算,让班组员工及时了解当天的管理成果,及时发现和解决管理中存在的问题。要增加班组管理的时效性和针对性,彻底杜绝那种只关心产量进度和自己工作量多少、不关心材料消耗、对材料的浪费现象熟视无睹或漠不关心的错误思想,让班组员工由过去的"要我管"变为"我要管"。

三要划入考核。要把材料成本纳入班组管理的重要内容,彻底杜绝不抓材料消耗的片面做法,促使班组做到安全质量、生产任务、生产成本一起抓,使班组管理进一步走向全面化、科学化、系统化的生产经营型之路。

四要提高认识。要使班组员工进一步增强认真学习技术和业务的自觉性,要进一步提高班组员工对技术水平和工作质量的认识。彻底杜绝那种认为"干采掘粗拉活,生产技术不用学,人家怎着咱怎着"的错误观念。如掘进巷道打眼装药时,班组员工要算好打眼的个数和装药的块数,并能掌握打眼的角度和深度。否则,打眼的角度和深度、装药量的多少就会掌握不好,容易造成工时和材料的浪费,不仅会影响施工进度和工程质量,而且还会造成安全事故。

## 四、信息管理

信息化建设是衡量一个企业现代化管理水平的标志,班组是一个企业最基

本的组成单元和一切工作的落脚点，班组的现代化管理水平，直接影响到企业的整体管理水平。

规范和统一班组建设管理的基本内容与要求，解决管理者（企业高层领导、职能部门、基层单位领导及管理部门）与班组在时间上、地域上的界限，实现班组信息与管理信息的互动。加快信息的流转，增加管理人员对班组管理的深度，了解班组的管理状况，有针对性地指导、监督、检查班组的各项工作，从而提高整个企业的管理水平。实现有相同内容的记录具有一处输入多处生成的功能（即自动生成功能），把一线员工从繁杂的文字记录中解放出来。在信息及其附件传输的基础上，必须支持作业流程的自动创建与公文自由流转，使本系统可以随需应变，达到智能化要求。要使班组之间、班组内各工作岗位之间，建立能够保证需要和共享的信息与生产实际中数据同步更新并及时传递的数字化信息神经网络，将企业班组各个业务环节的信息化孤岛连接起来。在各班组之间建立起严密、快捷的信息沟通、共享机制。

 阅读材料

## 需要的班组信息管理

当员工进入装有空调的班前会学习室，随着主持班前会的队级干部灵巧地点着鼠标，员工自然情况、工资分配表、工作面避灾路线图、安全教育课件、生产安全管理制度等顺序地从投影机中切换出来，这是川煤集团攀煤公司花山矿掘进一队班前会现场。这样的班前会在该矿 12 个采掘队中全面推行，彰显出班组安全信息基础管理平台的现代气息。

班组信息管理好，好就好在平台共建，资源共享。公司、矿、班队通过局域网，实现了上情下达，下情上达的快捷、方便。如上级出台政策一点鼠标就知，下级向上级送报表、文字材料再也不用人员奔忙了。

班组信息管理好，好就好在普及了电化教育。安全誓词、安全警语幻灯，普及应知应会的安全知识教育课件、DVD 安全教育片等直观、生动、形象，能收到寓教于乐、潜移

默化的效果，尤其能促进员工逐步改变安全上马虎、不在乎的"心智模式"，实现"要我安全"向"我要安全、我能安全"的转变。

班组信息管理好，好就好在推进企业向制度规范化、管理标准化、考核公开化等精细化管理迈出了坚实步伐。将安全管理上升到理念的渗透，行为的规范，落脚点重在推进精细化管理，符合本质安全型员工队伍的打造和本质安全型矿井的建设。如此，"安全发展、科学发展"理念也就能落到实处了。

## 五、时间管理

调查表明：一个效率糟糕的人与一个高效的人工作效率相差可达 10 倍以上。所谓时间管理是指用最短的时间或在预定的时间内，把事情做好。浪费时间的原因有主观和客观两大方面。浪费时间的主观原因有：做事目标不明确，作风拖拉；缺乏优先顺序，抓不住重点，过于注重细节，做事有头无尾，没有条理；不简洁，简单的事情复杂化；事必躬亲，不懂得授权，不会拒绝别人的请求，消极思考。

班组长在时间的安排上要做到有条不紊，安排合理。例如某矿一掘进班组，班组长在工作前，先设计好当班的工作程序，安排工作时，尽量做到平行施工（掘进工作面打眼的同时，由爆破员做炮头，后尾工人检查好运输设备），每项工作都有具体人员操作，做到了合理搭配，充分利用工作时间，发挥每位员工的特长，做到效益最大化。

 阅读材料

## 12 种时间管理方法

1. 有计划地使用时间。不会计划时间的人，等于计划失败。

2. 目标明确。目标要具体、具有可操作性。

3. 将要做的事情根据优先程度分先后顺序。80% 的事情只需要 20% 的努力。而 20%

的事情是值得做的，应当享有优先权。因此，要善于区分这20%的有价值的事情，然后根据价值大小，分配时间。

4. 将一天从早到晚要做的事情进行罗列。

5. 每件事都有具体的时间结束点。控制好通电话的时间与聊天的时间。

6. 遵循你的生物钟。你办事效率最佳的时间是什么时候？将优先办的事情放在最佳时段里。

7. 做对的事情要比把事情做对更重要。做对的事情有效果；把事情做队仅仅是有效率。首先考虑效果，然后才考虑效率。

8. 区分紧急事务与重要事务。紧急事往往是短期性的，重要事往往是长期性的。必须学会如何让重要的事情变得很紧急。

9. 每分每秒做最高生产力的事。将罗列的事情中没有任何意义的事情删除掉。

10. 不要想成为完美主义者。不要追求完美，而要追求办事效果。

11. 巧妙地拖延。如果一件事情，你不想做，可以将这件事情细分为很小的部分，只做其中一个小的部分就可以了，或者对其中最主要的部分最多花费15分钟时间去做。

12. 学会说"不"。一旦确定了哪些事情是重要的，对那些不重要的事情就应当说"不"。

## 六、安全管理

强化班组长安全管理的核心地位。班组长是班组安全生产的第一责任人，安全措施的最终落实者。应给班组长直接管理考核的权力，并通过加强班组长培训来提高班组长的综合素质。提高班组安全员素质，强化其政治思想、政策法规、文化知识、管理知识、操作技术、工艺技术等方面的培训。实行标准化管理，将班组安全管理作为第一考核标准，健全班组安全管理网络，明确班组安全生产目标，完善班组安全生产制度，管理人员实行分班包干，实行负责人连带考核。

狠抓安全制度落实。开好班前会，利用班前会向职工宣传安全生产方针政策，分析当前安全生产形势，了解基层安全生产状况，班组安全管理情况；班组安全员要针对具体工作强调安全注意事项，提醒职工加强安全责任，确保生产安全。加强班前、班中安全检查，要对本班组所管辖的设备进行全面检查；班组成员都要对自己所管辖的范围进行安全检查，班组中安全检查每2小时巡检1次。抓好班组安全日活动。加强班组安全培训，安全规程学习制度化、日常化，实行制度化抽考，经常性演习，开展危险源辨识和事故预想活动，抓好班后安全总结，相互交流，共同提高。

 阅读材料

## 班组安全"三三制"

"三工"活动是以班组为单位，以教育和提醒为手段，以杜绝事故为目的，利用每班工前、工中、工后几分钟时间，交代本班生产及安全注意事项，检查安全防护措施落实情况，总结班组安全生产情况的一种安全活动。

"三交"即交代施工生产任务、交代安全注意事项、交代施工技术措施。

"三查"即查劳动着装、查"三宝"佩戴情况、查作业者的精神状态。必要时要求作业人员重复工作的目的、内容、方法、安全注意事项及工具、材料等的携带、使用、存放安全等。

## 【讨论与思考】

阅读下面的材料，讨论并交流下面的问题。

## 精细化管理"精"在班组

——减负增责。一是优化班组的工作流程；二是精简工作内容，突出主要责任。管理学家泰罗在伯利恒钢铁公司进行的"搬运生铁块试验"和"铁锹试验"成为企业管理史上的经典案例，由于这一研究改进了操作方法，使工人的搬运量提高了3倍。如今，一百多年前的泰罗制被应用到班组管理中来。应用计算机信息管理，代替手工报表、台账、记录；通过对不同类型的班组作业流程进行跟踪研究，优化作业流程，提高班组工作效率。

——班组对标。持续改进是提高班组管理水平的动力。企业标准与行业标准相结合，

形成适合企业所有班组的对标的"大指标"；在企业标准、班组定额涵盖不到的地方，进一步提出"小指标"对标。一些微小的材料费用虽然在班组定额中没有规定标准，却是企业成本中的重要组成部分，开展"小指标"对标，就能把管理成本降下来。

——柔性管理。如开展"爱心活动"、"平安工程"活动等，培养班组成员之间情感，锻炼班组应急能力，"你安全、我幸福"手机短信征集活动，员工自编互发短信，营造了良好的安全氛围。

结合上面的材料，请根据自己的经验，以《班组精细化管理一得》为题，写一篇短文。

# 第三节　班组长的主要职责

## 一、劳务管理

班组人员的搭配、休班调配、当班工资分配、员工的情绪管理、新进员工的培训以及安全操作、生产现场的卫生等都属于劳务管理。

1. 班组人员的搭配

根据工作任务的需要，负责本班组人员的协调，将业务技能熟练的人员与业务技能生疏的人员，身体素质条件好的人员与身体素质条件差的人员，性格稳重的人员与性格鲁莽的人员互相搭配，互为补充，各适其岗，各得所用，保证工作的安全顺利进行。

2. 休班调配

根据本单位的出勤规定，合理安排本班组人员的休息，排好轮休，避免出现出勤人员不足的现象，保证班组工作的正常秩序。

3. 当班工资分配

根据本单位的工资分配办法，结合当班任务完成情况，按照分配原则，分配当班的劳动收入，并及时公布。

4. 员工情绪管理

在施工前细致观察、了解当班出勤人员的思想状况，找出情绪波动的原因，并帮其解决，避免带到工作中影响正常施工。

5. 新员工的管理以及安全操作

根据本单位"以师带徒"规定，安排业务技能熟练且有责任心的人员带领新员工，并在施工时及时进行检查、指导，确保新员工在安全生产的前提下学习业务技能。

6. 生产现场卫生

及时安排、整理生产现场的卫生，让员工在整洁、舒心的环境中工作，做到文明施工。

## 二、生产管理

生产管理职责包括现场作业、人员管理、工程质量、材料设备管理等。

1. 现场作业

根据工作任务性质，结合现场工作实际情况，及时调整工作环节，确保工作有序、顺利进行。

2. 人员管理

合理搭配人员，带领本班组员工正规操作，杜绝违章，保证安全生产。

3. 工程质量

严格按照作业规程要求组织施工，使用合格的生产材料，保证工程质量合格。

4. 材料设备管理

在生产过程中，合理使用生产材料，杜绝浪费，并能安排回收有价值的废旧材料。加强设备维修、维护，确保设备的正常运行。

## 三、现场管理

1. 健全生产现场管理体制

班组不论大小，都要建立以班组长、党团小组长、政治宣传员等为核心的班委会。班委会的任务是确定班组建设目标，为开好班组会做准备。另外还要建立"工管员"制，"工管员"一般包括质量管理员、考勤员、工具材料员、文明生产员、劳保生活员，把管理落实到每个员工，人人有事干、事事有人管。

2. 建立一套现场管理制度（标准）和检查考评制度

对班组生产现场进行规范化管理，使班组工作进入有序管理的状态。包括围绕生产、安全、技术和思想政治工作所制订的各种规章制度、条例、程序、办法、标准等，如巡回检查制度、交接班制度、工作票制度、岗位责任制度、安全责任制度、技术培训制度等，并且要规范统一，落到实处。

3. 加强班组内部基础管理

建立各类基础管理台账、报表制度及工序奖惩考核办法；注重半成品库的基础管理工作，起到前道控制、后道监督的作用；充分利用电脑等现代化设备，使各类统计报表及生产任务单的下达自动化，取代手工操作，提高工作效率。通过这些基础管理，促进班组管理工作日趋规范。

4. 强化教育培训

坚持先培训后上岗的全员培训、持证上岗制度，提高员工的素质。加强教育培训，主要是指对班组进行技能、安全生产、岗位职责和工作标准等方面的教育培训，同时将培训成绩记入个人档案，与个人的工资、奖金、晋级、提拔挂钩。

5. 开展班组达标管理工作

企业应制订可操作性的达标标准，标准内容力求系统考虑，整体推进，分步实施。同时应把班组达标工作的总目标分解到每个职工，通过强化考核，细化管理，确保企业总体工作目标的完成。为配合企业推进达标工作，企业还应建立有效的激励机制，鼓励先进班组和个人。

四、辅助上级

班组长应及时、准确地向上级反映工作中的实际情况，提出自己的建议，做好上级领导的参谋助手，充分发挥出班组长的领导和示范作用。

 **阅读材料**

## 班组建设五大误区

1. 班组建设有要求而无氛围

多数企业的班组建设采用自上而下，逐层推进，严格考核的方法，但是基层干部与基层员工对于班组创建的目的意义没有深刻的理解，只停留在形式上，员工对于班组创建活动存在积极性不高，方向不明确，参与程度相对较低，应付考核等现象，未形成"人人参与，人人争创"的氛围。

2. 班组建设硬件投入多，软件投入少

班组创建上花费了大量财力在硬件的配套上，为班组的创建工作提供了必要的硬件设施，而在如何进行科学推进、合理策划、效果考核上，则缺乏系统性的思考与方法。

3. 重视制度建设，而忽略文化管理

重视班组管理制度建设和考核机制，对班组日常工作考核、监督、跟踪、奖罚较多。但是忽略了如何利用文化进行管理。无法通过系统、环境的力量影响、同化员工的思想和行为方式，化员工被动为主动。

4. 强调了物质奖惩，而忽略了精神培育

在班组考核过程中重视物质奖励，但是在精神上如何培育，进行激励，缺乏一套系统科学有效的方法，使员工在精神领域出现了一定程度的"瘸腿"现象。

5. 重视现场管理，忽略素养提高

重视5S等现场管理方式，物品与劳动工具的摆放要求甚于员工文化技术素质的要求。但是在如何形成员工日常工作习惯与素养的层面上还欠缺必要的方法与手段。

## 【讨论与思考】

阅读下面的材料，讨论并思考：老班长落伍了吗？

# 老　班　长

俗话说："兵头将尾"，班组长如何当好这个将尾？记得我进厂时有一位老班长给我的影响很深刻。他在班长这个岗位上一干就是30多年直到退休，在他这个班组里涌现了一大批优秀的企业人才，现在有当经理的、队长的、工长的等，还有几位下海经商，现在都当上了老板。最近我遇上了其中一位老板，我们一起喝酒时谈起了当年的老班长。一开始这位仁兄说老班长怎么怎么的坏，管理怎么的严格，脾气多么暴躁，工作不好就骂人……喝到最后可能是酒后吐真言又对我说，他是真心感谢老班长，没有当年老班长的教育、没有老班长的严格要求及工作作风给自己树立了榜样，不会有今天的成就。

谈起老班长，在他没退休前，队里有什么技术攻关项目就想到了他，有些调皮捣蛋人员就调到了他的班组，领导们说只有老班长管得了他们。老班长没什么文化，但工作上总是出色地完成领导交代的任务，工作中总是冲在最前面，多次受到领导的表扬和嘉奖，连班组成员也尊敬、佩服他，而在生活上又很关心每一位职工。我曾经也当了几年的班组长，很想向老班长请教经验，请教他如何当好一个班组长，可惜老班长已退休回家乡。但是老班长的工作作风、关心职工、管理风格的精神潜移默化地深深地影响了我。

走进新世纪，对班组长管理的要求不再是过去简单地把领导布置的任务完成就好了。近几年我们国家提倡人文和谐社会，这样就给班组长的管理带来更高的要求，我个人认为要当好一个班组长要与时俱进，第一：管理制度唯一化，俗话说："没有规矩不成方圆"，上级及班组制订的制度一定要执行下去，不能纸上谈兵，要让每位员工明白谁违反了制度都是唯一的考核标准，而且自己要做到以身作则、公平公正。第二：做好细节管理，"细节决定成败"，当班组员工之间发生了争吵时、当员工因奖金比别人少时、当发现作业过程中有安全隐患时、当员工上班精神状态不好时等。作为班组长一定要在第一时间处理好、沟通好每件事情并把它消除在萌芽之中，"家和万事兴"，我相信只要把这些事情处理好，班组长的工作一定能搞上去。第三：班组长的个人能力。作为班组长一定要具备吃苦在前享受在后的思想，业务能力过硬，工作中要有知难而上的精神，要有自信，不怕得罪人，要敢抓、敢管，要主次分明，始终保持一个清晰的头脑。

国家的发展离不开企业，企业的发展离不开班组，班组的发展离不开一个好班组长，选好班组长将直接影响企业的发展前途，"兵熊熊一个，将熊熊一窝"就是这个道理。一个企业的一个班组可能生产的产品不一样，但我个人认为班组长主要是抓好人、产品质量及安全就是最基本的职责。

## 第四节　班组长的工作方法

随着时代的发展，越来越多的年轻人走上了班组长岗位，但他们大部分都是师傅带徒弟的方式或自己积累经验来感悟、认识管理的，因此，缺乏系统的专业管理知识。经验很重要，但是经验毕竟是感性认识，并且存在一些盲区、误区，所以必须经过系统的理论培训来提高管理水平，使管理工作由自发上升到自觉，由经验型上升到科学型。

### 一、树立自己的威信

班组长要想成为一个权威的管理者，就必须克服自己的缺点，树立威信。

（1）以德树威：加强个人修养，以品德修养树力威信，用鲜明的个性特征和高尚的道德品质建立起个人的魅力，威信高，影响力就大。

（2）以才树威：一个优秀的班组长一定在技术上要过硬，业务能力要强，在关键时刻要能够挺身而出解决难题，这样才能赢得班组成员的信服，才能成为一个优秀团队的引路人。

（3）以能树威：班组长应具备较强的组织、管理、协调能力，敢于承担责任；知人善任、善于沟通，做事有主见。

（4）以权树威：在生活中你可以和你的班组成员以兄弟相处，但在工作中，要负起管理责任，行使管理权力，不要滥用私人感情，要时刻向班组成员表明你清楚自己在做什么，并且知道为什么要这样做。

### 二、调动班组成员的积极性

（1）要信任员工：当员工有成绩时要真诚赞美，不嫉贤妒能；出错时更应信任他们，不一棍子打死，不伤害班组成员的自尊心、自信心和彼此之间的感情。

（2）敢于承担责任：作为班组长应敢于获取，敢于承担，决不因处境的不利而推诿退缩，怨天尤人。这样可以去除班组成员的后顾之忧，不会因顾忌承担责任而消极应付。

（3）民主作风：班组的事是大家的事，让大家都参与进来解决问题，特别是在与每一名成员的利益有所关联的事情上多与他们商量，让他们产生一种积极的归属感和主人翁意识。

（4）要善于激励：尽可能多地给员工恰如其分的赞美；尽可能多地给员工表现自我能力的机会；多采用员工的意见、观点等，乐于帮助员工自我实现，这样能起到意想不到的激励效果。

## 三、恰当地分配工作

（1）人尽其才，才尽其用：人事相宜，人适其岗，岗适其责。

（2）公平公正，合情合理：工作强度要适度，工作量要适当，不强人所难，不鞭打快牛。

（3）统筹安排，计划有序：分清主次，切合实际，张弛有度，优化设计。

（4）明确职责、贯彻始终：明确职责，廓清范围，前后协同，适度变更。

（5）定期调整、锻炼能力：有计划地对班组成员的工作进行定期交换或扩大工作范围，帮助他们提高工作能力。

（6）及时表扬、合理奖励：应该让员工在完成工作后，产生一种自己对班组作出贡献的感觉，从而使他在心理上得到慰藉和满足。

## 四、用好"非正式群体"

"非正式群体"是指在班组中由于爱好相同或是私交甚密的一小群人，他们义气办事、荣辱与共。要想使"非正式群体"成为自己的好帮手要做到：一是要渗透感情，要想法靠近他们，了解他们，关心他们，做他们的朋友，用自己的真心和感情换取他们的信任和理解；二是正面引导，正面引导他们正确地对待工作和任务，在班组工作中重用他们的长处，让他们在工作中看到自己的优势和对班组带来的正面影响。但对于那些可能对工作产生负面影响的人或事，要及时坚决纠正，并控制他们在上班时间内可能做出的其他过激或违规行为。

### 五、恰当运用权力

班组长多以温和及富有人情味的方法管理，但在必要时，班组长要会使用手中的权力，该采取强硬措施和强制手段时一定要果断。批评、惩罚都要直接干脆，直指其弱点，直刺其痛处，一针见血。面对原则问题，把准时机、当断则断、铁面无私。遇到班组成员情绪失控、难以解释时，可暂时冷却问题，择机而动，不留后患。

### 六、提高效率

班组工作效率提高的关键是有计划，有条理，有条不紊。班组长要能够认真分析工作性质，准确把握轻重缓急，把主要的精力用在最重要的工作上，利用有限的时间，高效率地完成工作任务。

### 七、柔性管理

人是感情动物，在班组中要让班组成员理解、尊重自己，首先要关心爱护他们，以心换心，以情动情。班组长对所有班组成员能够平等相待、以诚相见，从思想上理解他们，从生活上关心和爱护他们，在工作上信任支持他们，使他们的精神得到满足。无论在什么组织里，规章制度是必不可少的。班组长可以与大家保持良好的私人关系，但在工作中必须保持正常的上下级关系。严格执行制度，班组成员就会在其规定的范围内行事，严格按制度办事，体现一个优秀员工的职业素质。

 阅读材料

# 魅 力 班 长

**1. 班组长要当好职工的领头羊**

班组长作为领头羊，是直接带领职工从事一线生产操作的实践者、组织者，要时刻以自身的行动影响带动人，做到关键时候能冲得上去，紧要关头能豁得出去，遇到技术难题则能手到病除，搬掉制约生产安全的拦路虎，从而顺利地完成班组的各项任务。

**2. 班组长要当好职工思想的梳理人**

作为班组长要善于察言观色，掌握职工的心理动态，通过推心置腹的沟通和制度的解析，化解职工思想的疑虑和疙瘩。在职工日常生活、工作中出现的问题，尽自己和班组的最大所能进行帮助，把关怀和温暖送到员工心坎上，进而凝聚人心、强化班组组合力、提升整体战斗力。

**3. 班组长要当好职工的安全管理人**

班组长就是班组的总指挥。要把安全作为"盯在眼里、刻在心上，挂在嘴边、握在手中"的动脉性问题，抓好抓牢。同时，班组长要学习安全管理艺术，提高管理艺术、指挥能力和自身修养，把班组建成温馨的家庭，把员工当真正的朋友，形成和谐向上的班组氛围。特别要提高化解员工不良情绪、应对"刺头"找茬的能力，提高解决员工思想工作的能力、动手能力和总结表达能力，努力做多面手，让员工心服口服。同时，班组长学会倾听、学会赞美别人，学会换位思考、学会有效沟通和相互接纳对方，从而打造和谐班组。

**4. 班组长要当好职工安全技术导师**

俗话说得好："兵熊熊一个，将熊熊一窝"，打铁还须自身硬。班组长在提高自身素质的基础上，要通过培训带出一支技术精湛的职工队伍，否则靠班组长一个包打天下，即使你一天干24小时，也"吃力不落好"，最终也无法完成班组各项工作。因此，班组长做好职工的技术培训工作责无旁贷，要手把手地将自己的技术特长教给班员，提高全员技术素质，将大家培养成像自己一样有能力的人，能解决问题的人，而不是事事亲力亲为。班组长要善于发挥班组团队作战优势，全力凝聚集体智慧，力争取得"众人拾柴火焰高"的效果，避免班组长单打独斗。

**5. 班组长要当好职工的信息传话筒**

准确实施上级的管理要求和精神，是班组落实安全生产的根本。班组长要及时做好信息的传话筒作用，将上级精神和要求、安全形势和动向、管理思路和方略内容原汁原味的传达下去，让班组的所有员工知情，了解安全生产形势，做到对各安全关键点和卡控办法做到心中有数，并结合班组实际，找准自我定位，全面消除各类不安全因素，真正把安全生产掌控手中，力保班组安全有序可控。

最后需要说明的是，当好班组长固然需要具备众多卓越的素质和要求，但班组长不是"万金油"，不能求全责备。只是班组长要在不断地提高自身综合素质的情况下，长袖善舞，用好管理艺术，带领职工共同成长，做一个应时应势而变、应付自如，与时俱进的魅力班组长。真正把班组打造成企业活力之源、动力之源、发展之源。

## 【讨论与思考】

阅读下面的材料，想一想你是哪种类型的班组长，应如何改进？

### 班组长基本类型

生产技术型。生产技术型的班组长往往都是些业务尖子，但缺乏人际关系的协调能力，工作方法通常都比较简单，常常用对待机器的方法来对待人，用对待自然科学的方式对待很多社会现象和人际关系，因此对这一类的班组长有必要进行人际关系方面的培训。

盲目执行型。盲目执行型的班组长带有比较浓厚的计划经济时期的特点，他们往往缺乏创新和管理能力，常常表现为态度和作风生硬，给人一种官僚主义的感觉。

劳动模范型。在工作中，劳动模范型的班组长一般能踏踏实实、勤勤恳恳，但却不适合担任领导工作，因此对这部分人如果不进行管理能力方面的培训是很难胜任领导工作的。

哥们义气型。哥们义气型的班组长对待班组成员常常是称兄道弟，像哥们一样，在工作中自然也容易义气、感情用事，缺乏原则性，实际上早已把自己混同于非正式的小团体的小头目，没有发挥应有的班组长的作用。

# 第三章 班 组 管 理

## 第一节 班组的生产管理

### 一、班组生产管理的原则

#### (一) 讲求经济效益

班组管理的最终目的是在保证安全的前提下努力降低生产成本消耗,提高班组劳动生产率、设备利用率、产品合格率,缩短生产周期,完成班组生产任务,为本班组员工提高经济效益。提高经济效益的关键是人力、物力的合理利用。各岗位人员要合理配备,材料要定置化管理,合理使用,尽量减少材料的浪费,提高人力、物力的利用率,提高产品质量,最大限度地提高经济效益。

#### (二) 实行科学管理

科学管理,统筹安排是班组管理的重中之重。科学管理包括了人员配备、统筹协调与创新管理三方面。

所谓人员配备,即根据当班工作量、现场作业实际情况与特殊工种持证情况,合理配备各岗位人员,实行定岗定员,减少人力浪费,有效提高班组岗位管理水平。

所谓统筹协调,即优化各工序的施工和工序间的衔接,做好上下班的交接工作,统筹协调班组内部及班与班之间的协作关系,提高时间利用率。

所谓创新管理,即积极开展创新活动,不断创新班组管理方法,以创新促进班组管理水平的提高。要逐步从"经验式"管理向"规范化"管理过渡，从"传统型"向"现代型"转变，鼓励班组实行管理创新。

 阅读材料

## 班组"三化"管理

新矿集团孙村煤矿自2009年5月开始在全矿推行班组"三化"管理。

"三化"是指"管理可视化、视觉标准化、标准精细化"。管理可视化是指用视觉看到的管理，通过一目了然的工作环境、现场作业环境以及清晰顺畅的工作流程和秩序，感知现场的正常与异常，个人作业行为的正确与否，从而得到及时预防和解决；视觉标准化是指企业的一切可视事物，必须达到统一的规范标准，并使之形成一个完整的体系；标准精益化是指每一项标准必须起点高、境界高，并制定应达到的量化指标，用可评估、可测量的数据标准和依据予以考核，实现动态管理、过程控制、量化考核。

回采专业"三化"管理的可视化标准见表3-1。

表3-1　回采专业"三化"管理可视化标准

| 一、安全警示 | | | | | |
|---|---|---|---|---|---|
| 在回采工作面、上下巷、泵站等地点，在隐患地点设置管理可视化牌板或警示语言，并置于醒目位置，对施工人员进行安全提醒 | | | | | |
| 序号 | 安全隐患 | 视觉内容 | 提示标语及悬挂位置 | 图　　示 | 适用地点 |
| 1 | 开关检修 | 上一级电源停电闭锁，按专人看管开关，执行验、放电制度 | "有人工作，严禁送电"挂在上一级电源开关醒目位置上 | 禁止合闸 有人工作 | 泵站、上下巷 |
| 2 | 各类牌板齐全完好 | 施工图牌板、各工种技术操作牌板，各岗位岗位责任制 | "施工图牌板、各工种技术操作牌板，各岗位岗位责任制"挂在泵站醒目位置 | 施工图牌板 | 泵站 |

表 3-1（续）

| 序号 | 安全隐患 | 视觉内容 | 提示标语及悬挂位置 | 图　示 | 适用地点 |
|---|---|---|---|---|---|
| 3 | 顶板下沉，高度不够，易碰头位置 | 及时卧底增加高度 | "易碰头，行人注意安全"并悬挂易碰头位置 | 当心碰头 | 上下巷 |
| 4 | 地面路滑，易滑倒伤人 | "地面路滑，易滑倒，人员注意脚下" | "地面路滑，易滑倒"，挂在施工路滑地段醒目位置 | 地面路滑，注意安全 | 上下巷 |
| 5 | 车路内开车时，人员进入 | "封闭巷道，行车严禁行人，执行封闭管理规定" | "行车严禁行人"挂在各路口醒目位置 | 行车严禁行人 | 上巷车路 |
| 6 | 斜巷内平行作业 | "斜巷上下易滚矸伤人，严禁平行作业" | "严禁平行作业"，挂在上下斜巷路口醒目位置 | 斜巷施工，防止滚矸 | 斜巷 |
| 7 | 单轨吊行车时，行人安全间隙小 | "安全间隙小，行人注意安全" | "安全间隙小，行人注意安全"并悬挂安全间隙小的侧帮上 | 安全间隙小，行人注意安全 | 上巷 |
| 8 | 卡轨巷 | 卡轨车运行期间，严禁行人，执行巷道封闭管理制度 | "封闭巷道严禁行人"悬挂在封闭巷道两端顶板醒目位置 | 封闭巷道严禁行人 | 上巷 |
| 9 | 冲击地压危险工作面 | 有冲击地压危险 | "冲击地压危险区域"悬挂在上下巷距出口150m处 | 冲击地压危险区域 | 上下巷 |
| 10 | 回柱机使用 | 运行期间严禁行人，有断绳危险 | "行车严禁行人"悬挂在绳道两头 | 行车严禁行人 | 上下巷 |
| 11 | 煤机割至上下两头，易甩矸伤人 | 人员严禁通过 | "机组运行，人员严禁入内"悬挂在上下出口以外3m处 | 警戒牌 | 工作面上下两头 |
| 12 | 工作面爆破 | 严格执行爆破管理制度 | "正在爆破，严禁入内"悬挂在爆破规定位置 | 警戒牌 | 工作面 |
| 13 | 旋转部位 | "旋转部位，注意安全" | "旋转部位，注意安全"悬在旋转部位的一侧 | 旋转部位请勿靠近 | 工作面及上下巷设备运转部位 |

表 3-1（续）

| 序号 | 安全隐患 | 视觉内容 | 提示标语及悬挂位置 | 图　示 | 适用地点 |
|---|---|---|---|---|---|
| 14 | 工作面坡度大 | 行人注意安全 | "工作面坡度大，行人注意安全"悬挂在下平巷醒目位置 | 坡陡路滑，注意安全 | 工作面 |
| 15 | 工作面存在飞矸、片帮危险 | 人员注意 | "飞矸、片帮，工作人员注意安全"悬挂在下平巷醒目位置 | 机道滚矸，注意安全 | 工作面 |
| 16 | 煤机电缆看护工，必须带绝缘手套 | 提醒电缆看护人员 | 看护电缆，必须带好绝缘手套 | | 下平巷 |
| 17 | 顶板（侧帮）不好位置 | 顶板（侧帮）不好，行人注意安全 | "顶板（侧帮）不好，行人注意安全"并悬挂顶板（侧帮）不好的醒目位置 | | 上下巷 |

二、考核

1. 各岗位安全标志牌，由各盯岗人员及施工人员负责保管，严禁破坏，发现一次对责任人罚款 50 元，并原价赔偿

2. 对于已悬挂好的警示牌板未经许可，岗位人员不得擅自挪动，发现一次对责任人罚款 10 元

3. 检查人员对现场存在的"三化"问题，严格按考核规定和考核标准进行处罚

## （三）组织均衡生产

### 1. 均衡生产的定义

均衡生产就是在规定的时间内以三定为前提，即定人、定质、定量，按照既定目标均衡组织本班生产，各工序按部就班进行，正规操作，按章作业，保证安全生产。

按部就班组织生产不是慢慢组织生产，而是按照正规循环作业要求，按照规程设计标准组织生产。按部就班组织生产是防止因抢产量、抢进尺产生的不安全因素给持续生产带来的危害。

### 2. 均衡生产的作用

班组生产的均衡性，要贯穿于班组生产准备、辅助生产全过程，只有班组内各环节和工序都能均衡地组织生产活动，才能保证班组的均衡生产。班组长合理组织均衡生产，实现正规循环作业，维护正常生产秩序。

班组均衡生产是实现企业整体生产均衡性的先决条件，因此，必须保证班组人力、物力、空间得到最充分、最合理的利用，实现人、机、物的最佳组织配合。井下生产条件是随时变化的，如果班组遇到好的工作面就抢进尺，赶进度、突击生产；条件一差，放任自流，各唱各的戏，没有"一盘棋"思想，必然导致班组管理混乱，生产秩序紊乱，进而影响整个生产系统的正常运转，并危机生产安全。

3. 落实均衡生产的措施

一是合理安排工序以及工序间的过渡，协调各工序间作业进度，减少怠、误工时间，认真分解每一项工序的必要劳动时间，做好工作定量。根据工作面的条件变化，得出不同工作面、不同工序的必要劳动时间，然后以"三定"（定岗、定人、定质量）为基础来组织均衡生产。

二是合理的人员配备。在组织生产前，班组长要明确本班组所面对的工作面情况、工作量、所需材料、设备及所需工种来合理安排人员，以保证正规作业。作业完毕，要为下一班生产做好准备，做到工作完整，对接无缝。

三是要超前准备有预见性。根据现场实际情况，对可能出现的影响正常生产的问题（如采掘工作面遇断层施工等），要提前做好技术、材料等准备工作，防止因准备不充分影响生产正常进行。

## 二、班组生产管理的规范

（一）强化技术管理

1. 班组生产准备阶段的技术管理

积极组织员工学习"三大规程"（即《煤矿安全规程》、作业规程和操作规程）、《补充措施》及零星工作任务书中与本班组安全和生产相关的安全技术规定内容，在生产作业时做到有章可依，按章作业。

深入宣传按章作业理念。班组长利用班前会加强宣传，让按章作业理念深入人心，从而实现"零人为事故"。班组长应发挥"领头羊"作用，熟悉操作规程，带头执行操作规程。在生产现场，根据实际情况，班组长要向工区管理人员提出操作规程修订意见。

 阅读材料

## 流程图挂墙上　工作方向错不了

某矿为强化三大规程的学习，将工作流程制作成牌板，挂在明显位置，随时提醒指导员工作业，收到很好的成效。通过简单明了的示意图，使得按规程作业、按流程施工的理念深入人心。员工在作业时，做到心中有数，正规操作，减少了违章作业，为安全生产奠定了坚实的基础。图3-1为零星作业流程图。

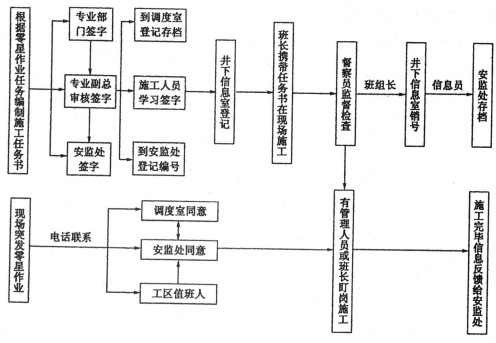

图3-1　零星作业流程图

2. 做好生产实施过程中班组的技术管理

在作业现场要严格执行各种技术标准以保证工作质量。要开好班前会。在班前会上，要对上班的工作进行简要总结，然后根据当班任务进行分工，明确当班所用到的技术标准，严格执行。

下井施工前，先进行隐患排查。排查时要做到"两依"：一是依规章进行隐患排查，以"手指口述"法来保证排查质量；二是依现场情况进行隐患排查，有的工作面情况复杂，任务书在这里无法使用，或者与现场不相符合。要根据规定，及时与值班管理人员、安检员制订方案，落实责任制，杜绝盲目乱干。

做好现场管理。将现场材料在指定地点码好，在标志牌上写明材料物品的名称、规格型号和数量。现场牌板与标志牌要齐全。同时，在现场作业时，班组长要以身作则，严格按章作业，带领班组成员遵守规章制度。

3. 积极开展技术创新活动

积极开展技术创新活动，推广新技术和新工艺，不断提高岗位职能，改善知识结构，掌握更多的新知识、新技术。

 阅读材料

## 孙村煤矿长距离喷浆新工艺的研究与应用

孙村煤矿开采逐年延深、单进水平也越来越高，对喷浆工艺及流程的要求也越来越高。为此，需要新的施工工艺来满足安全及生产的要求。孙村煤矿开拓一区是首次采用临时料场配合长距离喷浆工艺的研究及实践单位。经过多次试验，取得了较好的效果现已申报国家专利。

远距离喷浆新工艺解决了长距离下山喷浆与掘进工作面施工不能平行作业的问题，节省了大量的人力、物力、材料费用，节省了大量的支护材料，按照每班混合料节约20kg水泥和40kg红矸石计算，每年每个施工掘进工作面节约材料费用7776元，全矿开拓掘进

工作面可节约 62208 元。

使用临时输送站后，不再出现长期放置于底层的水泥容易受潮结块变质造成工程质量差的问题，消除了安全隐患。仅仅喷浆工序施工人员减少 40%，节约大量人工费用支出，可产生巨大的经济效益。

（二）强化质量管理

1. 提高职工的质量意识

质量是产量的保障和前提，质量不好，经常出现冒顶、片帮等事故，不但处理事故要耗用大量的人力、物力，还会影响职工情绪。职工产生畏惧情绪势必会影响到工作效率，降低进尺速度，弱化施工质量。

2. 质量标准的贯彻学习

质量标准的认真学习与贯彻落实是强化班组质量管理的坚实基础。要通过班前会、牌板、黑板报等形式将质量标准传达到每个职工，让职工熟练掌握各类标准，将标准执行于各个作业现场，保证安全生产。

 阅读材料

## 操作演练紧跟上　生产作业保安全

某矿利用班前会时间组织职工进行操作演练，取得了良好的效果。

下面是一个班前会"手指口述"操作演练的小片段：

班组长：掘进机司机。

职工：到。

班组长：背诵掘进机司机确认内容。

职工：是。

1. 司机必须经培训、考试，持证上岗。

2. 司机必须熟悉机器的结构、性能、动作原理，能熟练、准确地操作机器，能处理一般性故障。

3. 开机前必须发出报警信号，合上隔离开关，打开喷雾，按技术操作规定顺序启

动。

4. 截割断面、空顶距离符合要求，运输机已拉空，截割臂已落地，打开隔离开关，停电闭锁。

班组长：口诀。

职工：持证上岗讲安全，危险区域无人员；

开机之前先试转，按照规定逐开动；

先割煤层再割岩，前进后退闲人闪；

司机离机臂落地，打开隔离闭锁完；

冲洗煤尘和杂物，检查机组各保护。

班组长：进行演练。

职工：是。开机前：支护可靠，喷雾正常，通风良好，防护齐全，气体正常，站位安全，确认完毕。停机后：支护可靠，停机闭锁，确认完毕。

班组长：带式输送机司机。

职工：到。

班组长：背诵确认内容。

职工：是。

1. 施工前先敲帮问顶、摘除危岩悬矸，严禁空顶作业。

2. 风水管路连接要牢固，保持打眼机具完好。

3. 钻具前方严禁站人，防止断钎伤人。

4. 钻眼结束后，要先关水使风钻空运行一会儿后关风，吹净其内部残存的水滴，防止零件锈蚀。

班组长：口诀。

职工：不忘敲帮和问顶，风压水压合规定；

袖口领口衣角紧，钻眼平直角度正。

班组长：开始演练。

职工：是。打眼前，顶板完整，支护可靠，钻具完好，退路畅通，确认完毕。操作施工，风、水正常，站位安全，防护到位，确认完毕。结束，质量合格，机具码放整齐，确认完毕。

### 3. 操作技能的培训

生产现场是一个动态的现场，其实际情况每时每刻都发生着变化，随着作业内容的变化，又会产生新的问题。作业现场的主体就是班组成员，加强班组成员操作技能培训就是保证作业现场质量。现场进行技术操作的培训，能够更正不正规的操作行为，同时，还可以发挥班组之间互教互帮的作用，全面提高班组成员的技术操作水平。

 阅读材料

## 把培训引入施工现场

为强化操作技能培训，把施工现场作为培训课堂实施现场培训，使每一位施工人员熟记本岗位操作规程，达到正规操作、规范作业行为的目的。

将培训地点由教室、地面延伸到井下，利用"以师带徒"、"现场岗位培训"等形式，实施手把手教学，使培训工作更加贴近实际。同时，以"手指口述"、安全环境描述、现场操作教学为载体，使每一个职工熟练掌握自己的工作程序、操作标准，正确的施工方法和步骤，熟知自己工作的业务流程。班组长、工人技师作为指导老师在现场对施工人员的操作程序、动作是否正确规范进行检查考核，促进员工学习的积极性。

4. 推行质量管理责任制

班组长的质量管理责任制是班组安全质量责任制中的重要组成部分，它规定班组长对班组安全质量有教育、带头执行、现场管理、监督检查、组织和参与事故处理等权力，明确班组长是本班组安全质量的第一责任者，对班组的安全质量管理负有直接责任。班组其他人员的安全质量责任制，是岗位责任制中的一个重要组成部分。它明确班组所有成员在班组安全质量管理上的责任和义务，规定了所有成员享有对管理者的监督权，对"三违"现象的制止权，对违章指挥的否决权等。

5. 执行工程质量验收制度

严格执行班组工程质量验收制度，保证工程质量优良率达到100%。生产

班组主要是现场交接班制度和自检验收制度。现场交接班制度要求交班者对下一班交代情况，交代工作质量。接班者是上一班安全质量的验收者，要本着对本班工作认真负责的态度，检查现场条件变化、工程进度、设备运转等各种情况，为本班组搞好生产创造条件。班组自检验收制度，是由班组长组织的以本班组内部的自检互检制度。它具有边施工边检验，发现问题及时纠正的特点。要求验收者在不影响生产进程的情况下，及时检查，及时整改。

（三）强化设备管理

1. 正确使用设备

坚持规范操作，严禁野蛮操作，保持机电设备清洁。设备的正常使用，包括设备的作业环境、使用条件、操作准确性以及效能是否充分发挥，是实现设备正常使用的基础。针对设备的特点，以设备使用规章制度为指导，合理安排生产任务。

 阅读材料

## 链子拉断　谁之责任

2008年5月5日中班21：50，特采队在某工作面作业，工作面断层时矸石量增大，大量矸石堆积在了刮板输送机上，但司机强行开机，造成刮板输送机链子拉断，将瓦铁、分链器拉坏，影响正常生产，经现场人员维修于0：20恢复正常运转。

事后对此次事故分析认为：

（1）该工作面过断层矸石量大，施工人员现场不正规操作，强行启动刮板输送机，影响正常生产。

（2）特采队管理不到位，隐患排查和设备点检执行不认真，未能及时发现刮板输送机存在的隐患，是造成事故的直接原因。

（3）应要加强工作面设备管理，提高现场施工人员正规操作意识。过断层矸石量大时应观察刮板输送机运行状况，严禁强行启动刮板输送机，避免类似事故的发生。

（4）应加强隐患排查制度和设备点检制的执行，及时发现隐患并将采取措施进行处理，杜绝类似事故的发生。

**2. 精心维护与科学检修设备**

正确认识设备性能周期，对设备的检修维护要做到日常检查与定期检查相结合，定期对设备进行拆检，更换配件，以延长其生命周期。做到超前保养、超前维护，对设备实行生命管理，以达到健康使用。

**3. 建立设备管理台账**

台账管理专人负责，班组负责准确向责任人提供设备使用地点、检修情况、计测数据、配套情况等资料，以保证设备运行情况可以在第一时间反馈到相关负责人手中，及时维修、检修，确保完好。

**4. 制定机电事故联责办法**

规定同一区域内发生机电事故，根据事故性质对本区域内三个班组都进行考核，重点考核早班检修班组，其他两个班组按照责任大小进行不同程度的考核。这种事故联责办法的实行，有效地调动了班组的工作协调性、处理防范事故的积极性，使机电事故得到了有效控制。

**5. 根据需要成立专业化维修班组**

抽调5~8人成立专业化维修班组，由工区一名管理人员带队，将检查问题反馈到设备所属区队，根据设备问题处理难易程度，适当安排人员协助区队处理问题。

**6. 建立班组机电设备管理责任制**

班组长是宣传设备使用与维护的第一责任人，要带头执行煤矿机电管理的各项规章制度，负责班组机电设备全面达标，要协助搞好设备的清查、验收与评比工作，采纳合理化建议。

 **阅读材料**

# 超前保养 超前维护

### 一、掌握设备更换周期，实现设备健康运行

某区现有机电设备47台，根据设备使用时间长短，制定了设备零部件、易损件、润滑油脂等部位的更换周期。如：规定设备减速机润滑油每60天进行一次化验更换，通过加强减速机润滑油的管理，保证了减速机始终处于良好的润滑状态，达到了设备的健康运行；对设备的各部位进行定期拆检，及时解决处理设备的内部隐患，确保了设备的正常运行。规定对普通带式输送机主滚筒、导向滚筒、张紧滚筒等轴承部位每7天进行一次注油，对联轴节、伞齿轮花键易损部位每15天进行拆检一遍，对普通带式输送机的减速机内外齿部位每月进行检查、拆检一次，损坏的托辊、支架及时进行更换。通过以上措施的执行，保证了设备的安全运行，机电设备事故率下降了90%。

### 二、严格考核，提高机电设备检修质量

每天早班检修，中班、夜班运转。充分利用早班排满检修计划，对小型机电设备全部拆检一遍，大型机电设备能拆检的拆检，当班拆检不完的分期拆检，最大限度的每日将设备全部检修完成。为保证检修工作质量，制定了机电事故考核办法，规定同一区域内发生机电事故，重点考核早班检修班组，其他两个班组按照责任大小进行不同程度的考核。对因检修不到位、质量不合格，在48小时之内同一部位出现设备事故的，对相关责任人进行严格追究。这种事故联责办法的实行，有效地调动了3个班组的工作协调性、处理防范事故的积极性，使机电事故得到了大幅度控制。让职工感觉到事故少了，早、中、夜班的工作量专业化了，管理关系进一步理顺。

### （四）抓好材料管理

#### 1. 加强材料的交接管理

建立材料交接台账，交接时要严格验收，查看材料的规格、数量和质量，保证材料合格。

#### 2. 建立材料领用制度

首先，要明确班组领料员。领料时进行登记、签名、盖章。发料时，查验

印章，其他人员不得领取本班材料。其次，要依据班组各种材料、配件的储备情况，结合生产消耗提出领料计划，经班长同意签字后报送材料仓库备料。

3. 加强材料的定置化管理

在施工地点建立高标准料场，物料码放整齐，挂牌管理。

 阅读材料

## 某工区材料管理办法

1. 每日各部门所需材料由分管副职提前一天(15：00前)填至《材料日计划申请本》上，由材料员按月度预算，依据本表要求提出材料计划。凡不填写计划表者，视为不需要材料，一概不予安排日计划。凡因材料影响工作的，每次罚责任人20元，并承担矿井因无进尺分析的全部罚款。无特殊情况不准追加计划，凡无故追加计划者每次罚款20元。

2. 特殊材料（风水管、轨道、盆子）提前5天填写申请计划。

3. 凡材料员排定的日计划，由材料员负责填写至《井下材料接收闭合记录本》中，作为井下材料接收闭合的依据，井下现场收料人接收到材料后，上井必须填写至该记录本中，并注明接收人，由值班人负责考核，完成从材料计划到现场接收的闭合，防止中途丢失。收料人不填写记录每次罚10元，并承担丢失材料费用的10%。

4. 现场接收到的材料必须建立台账，作为发放使用闭合的唯一依据。

5. 井下材料发放人员下井后把库存材料数，用电话联系给工区值班人员并做好记录，交班前1小时再联系一次，把当班使用的材料数汇报给值班人员并做好记录，一次不汇报罚责任人10元。井上不填写罚值班人员10元。

6. 各分管副职根据报表，把节超的材料奖罚计入当天记录单结算工资，一次不计入罚责任人20元。

### 三、班组生产管理的方法

1. 三定法

三定即指定岗、定责、定级。

（1）定岗：定岗是指在班组组织结构确定的条件下，采用科学方法确定班组岗位设置和各岗位人员数量的过程。根据施工地点各工作程序的特点，员工在完成各工序发生的工作过程相对固定的地点称之为固定岗位，如固定机电设备的司机及维护人员、固定机械设备的操作人员等，这些固定的岗位通过员工长期操作，使员工熟悉岗位的性质及熟练掌握操作技巧，最终达到岗位人员操作专业化。

（2）定责：根据班组人员状况决定个人岗位，制定出每个岗位的职责，明确岗位的职能、责任、权利和义务，做到人人有专责，人人有要求，检查有标准。

（3）定级：定级考核机制可在班组之间和班组内部进行，班组之间根据完成任、施工质量、材料使用等情况综合考评，分等级进行奖惩。为提高员工的个人素质，结合全员绩效考核，制定员工等级评选，根据员工在班组中的表现，从遵章守纪、按章作业、执行力等方面进行考核，划分等级，并与绩效工资挂钩。

2. 五按法

五按即按流程、按路线、按时间、按标准、按指令。

（1）按流程：班组到达施工现场后，根据当班工作任务，遵照规程规定的施工工序，遵照一定的流程进行施工。

（2）按路线：按照各工序的衔接，以安全、高效为目标，合理安排施工线路，保证施工安全。

（3）按时间：根据施工计划和正规循环作业要求，确定本班各工序施工所需时间，并依此进行组织生产和考核，班组长要做好各工序之间的协调，保证按时完成施工任务。

（4）按标准：各施工工序严格按照规程、措施规定的标准进行施工，施工过程要高标准要求；施工完毕后严格验收，不合格工程坚决推倒重新施工，保证各工程合格率达到100%。

（5）按指令操作：严格按照"三大规程"与施工有关的规定进行施工，

按章作业，正规操作，杜绝违章。

3. 五干法

五干即干什么、怎么干、什么时间干、按什么路线干、干到什么程度。

（1）干什么：班组在施工前，按照工程施工的进度，安排部署本班的施工任务。

（2）怎么干：根据当班生产任务，合理安排各岗位人员，严格按照"三大规程"与施工有关的规定进行施工。

（3）什么时间干：根据当班生产任务，严格按照作业规程循环作业图表规定的前后工序，统筹安排各工序的作业时间，工序之间衔接要紧密，零星施工安排要得当，保证施工的安全及施工质量。

（4）按什么路线干：施工路线遵照各工序的衔接，本着安全、高效的原则，合理安排施工路线，保证施工的安全。

（5）干到什么程度：各施工工序严格按照规程措施规定的标准进行施工，各工程施工过程要高标准要求，施工完毕后严格验收，不合格工程坚决推倒重新施工，保证各工程合格率达到 100%。

## 四、班组成员的组织与管理

### 1. 合理配备员工

班组实现安全生产的重要条件就是班组建立完备的人力资源配备档案。这就要求班组长熟悉生产作业环境、熟悉操作规程、熟悉组员素质，搞好内外协调，以"三定"（定人、定质、定量）来实现科学合理组织生产。人员配备要做到"因人而异，人尽其才"，班组长要根据组员的劳动特点、技术专长、身体状况，扬长避短，合理安排。

### 阅读材料

## 掘进班班长摸索出的用人办法

1. 掘进工：要用大个子，有力气，经验丰富，反应灵敏，有一定能力、有思想的人。
2. 绞车工：个头小，体质弱，但思维清晰、敏捷，有责任心的人。
3. 把钩工：手勤、脚勤、腿勤、老实忠厚的人。
4. 险要地段要用胆大心细的人。
5. 胆小可靠的人安排到岗位复杂，易出问题的地方。
6. 脑子迟钝、反应慢的人安排在简易岗位上工作。
7. 新工人要签订师徒合同，与师傅同上同下；不签合同的，一律不得下井。
8. 对偷懒取巧的人，要严格考核，下硬指标、硬任务。

实践证明，在煤矿生产过程中，对职工实行定岗，定人，合理配置人员，不仅能充分发挥每个职工的特长，而且可以保证安全生产。班组保持岗位、人员相对稳定，有利于工人积累工作经验，提高劳动熟练程度和技术水平。

2. 发挥技能人才作用

专业技术人员队伍是企业生产经营活动的舞台柱子，要引进与培养相结合，不断补充提高专业技术人员队伍，在实践中要善于发现和培养技术能手，积极开展技术创新活动，不断提高生产工艺的技术含量和煤炭生产的科学技术水平，为企业发展提供新动力。

### 阅读材料

## 区队（班组）长的"双重管理"

为有效调动各基层区队机电副区长、机电段长工作积极性，提高设备现场管理水平，降低机电事故率，促进矿井机电质量标准化的提高，经调查研究，孙村煤矿决定将采掘、辅助区队机电管理人员纳入机电专业管理，对采掘、辅助区队的机电副区长、机电段长

（班长）实施"双重"管理。对他们加大考核，促使他们加强机电业务学习，加强自我管理，提高机电设备的现场管理水平和机电质量标准化水平，转变他们"机电是辅助，设备只要转就可以"的管理思想，进而促使他们不断优化管理方式，促进整个矿井机电质量标准化的提高。

主要措施有：

在考核上，采取细节管理，将机电方面的违章、工人的实际操作能力、现场资料的存放等纳入考核范围，实现"考核无死角，人人都考核，人人被考核"。对采掘、辅助区队长按照回采、生产掘进、开拓掘进、辅助单位进行考核，考核内容包括安全管理、机电事故、培训考核、质量标准化等四个方面，考核实行动态积分制度。机电部采取动态管理和定期检查相接合的考核办法，将提高机电工的业务水平和管理人员的管理水平作为双重管理的重要内容，机电部采取每月组织技术人员加强对全矿基层单位的机电工及管理人员从机电技术的重点，特别是新知识、新设备、新工艺等方面进行培训，并严格考核。加强对机电事故的考核，严格机电负责人例会制度。

3. 发挥班组长的作用

班组长在本班组当中是技术上的尖子、业务上的能手、安全生产上的标兵。班组长是完成各项生产经济技术指标的带头者，是安全生产活动的指挥者，是承上启下的联络者。在班组管理中以身作则，通过自己的实际行动，感染、影响、带动班组成员，时时、处处、事事做表率，在生产管理中挣挑重担，困难任务抢在前，制度落实走在前，以实际行动带动、促进班组成员个人素质和班组工作上台阶、上水平。

一是搞好本队班组之间的协调。要教育本班组成员树立"为下一班服务"的思想，不留隐患、不留尾巴、不留不合格的工程，为全队生产任务的完成创条件。二是搞好班内不同工种之间的协调。要教育本班组成员确立"一盘棋"思想，提倡互相尊重。协作上发生问题时，采掘班组长首先应向机电、运输、通风等辅助工种的班组长通报情况，及时取得联系。问题不能解决时，应向上级领导或调度室汇报，尽快得以协调和解决。

 **阅读材料**

# 班组长岗位责任

1. 班组长是班组安全生产的第一责任人，对本班组的安全负全面责任，保证在施工过程中遵守国家有关安全生产的法律、法规、规章、标准、技术规范以及三大规程。

2. 仔细排查本班组的安全薄弱人物，不适应下井的不准下井。

3. 严格执行交接班制度，每班开工以前，必须对分管范围内进行隐患排查，发现隐患立即处理，确保安全。

4. 安全检查以后，对施工地点的设备进行试运转，保证设备运转正常，信号畅通。

5. 负责施工前，按照规程要求准备充足的材料。

6. 负责及时消除施工过程中的安全隐患，及时组织、解决各级领导提出的安全隐患问题，创造良好的安全环境。

7. 负责本岗位工程质量的管理，抓好本班组施工工程的质量标准化，严格按规程组织施工，确保工程优良。

8. 负责本班组"五薄"管理，现场落实各项措施，消除"五薄"隐患。

9. 根据"三大规程"的要求，督促工人按章操作，及时解决施工中的问题。及时组织班组安全教育，提高从业人员的安全意识。

10. 保证施工地点的安全监控系统、设备、仪器正常工作，发现异常及时处理，不能处理时，及时汇报。发现施工地点有危及安全的异常情况，立即组织职工撤离，并及时汇报工区和调度室。

11. 尽职尽责抓好本班组正规操作示范岗活动，制止不正规操作等不安全行为。杜绝违章指挥，自觉正规操作，实现班组无"严违"现象。

12. 对本单位机电设备的使用与维护负有管理责任，严禁违反设备使用规定野蛮使用设备。

13. 按时完成上级交办的各项安全生产工作。

责任追究：

1. 发生工伤、幸免事故时按矿文件追究处罚。

2. 严格执行交接班制度，否则罚款 50 元。不按规定排查、整改隐患，一律追究处罚。

3. 安全检查以后不对施工地点的设备进行试运转，罚款 20 元。

4. 施工前不准备充足的物料，而进行施工的每次罚款 50 元。

5. 本班组生产过程中缺乏安全设施、防尘措施等，仍安排工人作业，对班组长罚款 50 元。

6. 未及时组织班组安全教育，罚款 20 元。

7. 对本班组排查出的"五薄"未制定措施或不落实整改，一律追究处罚。

8. 发现违反设备使用规定，野蛮使用设备，对责任人罚款 50 元，联责班组长罚款 20 元。

9. 现场不制止"三违"行为或发现员工不正规操作而不制止，按规定处罚。

4. 开展班组劳动竞赛

通过岗位竞赛等方式合理选择岗位人员是现阶段最常用的一种提升班组整体素质的途径。实现定岗定员，做到岗位固定化、熟练化，实现岗位专业化。劳动竞赛的开展是推动班组建设，加强企业管理的有效方法，班组长必须重视和抓好班组劳动竞赛，从而不断提高班组的整体素质和企业的管理水平。

 阅读材料

## 星级员工评比办法及奖励标准

1. 星级员工标准

（1）道德品质好：思想积极向上，爱岗敬业、表里如一、言行一致，拥护和支持区队工作，团结工友，服从领导。

（2）工作作风好：工作积极主动、扎实，有较强的责任心，本职业务娴熟，任劳任怨，是本班组织生产及安全管理的核心人物。

（3）安全意识好：自我保护意识强，能及时发现并制止、处理生产过程中暴露的薄弱环节和隐患，班组无轻伤，个人无典型三违。

（4）个人出勤好：月份出勤不少于 26 天。

2. 评比办法

(1) 每月28号前由班长组织员工投票，各班组推荐1～2名星级员工报工区（过期视为弃权）。

(2) 全区职工测评后取前六名。

(3) 利用区委会管理人员（含班组长）测评后确定1～2名人选，并当场公布。

3. 奖励标准

按月份全区平均绩效工资的30%金额进行奖励，最多奖励500元，直接进入当月工资。

## 五、班组生产现场管理特点

1. 基础性特点

如果说班组是煤矿生产的前沿阵地，班组长和班组成员就是指挥员和战斗员。班组是职工工作、学习、生活的基本场所，是煤矿安全管理的基层组织，是执行煤矿各类制度和安全规程的主体。在生产过程中，操作是否规范，施工质量如何，隐患排查治理力度如何，关键在于班组。只有这些基础工作做好做细，才能再谈安全生产，因此生产现场的管理，关键在于班组。

2. 系统性特点

班组安全生产是一个有序、系统的过程。如果说煤矿生产是个大系统，区队生产是中系统，那么，班组生产则是个小系统或微系统，其中包含环境、人、机、物各种要素，质量、成本、效益各项标准，内部人与人、外部组与组各类关系，生产、安全、人员等，需要综合考虑、系统安排、统筹部署。

3. 群众性特点

班组长应全面负责班组生产管理。由于班组施工战线长、范围广，班组长不可能面面俱到，所以各岗位趋于自主管理，每位员工对自己管理范围内的事情负责，班组长巡查监督，班组全员管理，人人有责任。其次，班组长面对的管理对象是具体的岗位和岗位上每一个活生生的人，不仅要管生产，还要管生活；不仅要管工作，还要管思想；不仅要管班上，还要管班下；不仅要管安全，还要管发展。所以班组管理具有显著的群众性特点。

4. 动态性特点

在煤矿生产过程当中，工作面总是随着生产作业进程不断向前推进。每推进一个循环，作业面本身及设备就要移动。此外，工作面还受地质条件、冲击地压、热害等多种因素的影响，时时处于变化之中。井下作业没有稳定的作业环境，由于每天 24 小时的工作制，各工序之间不间断展开，班组管理自始至终都处于动态调整之中。

## 六、班组文明生产管理

1. 明确文明生产的目标

文明生产是安全生产的基础。文明生产包括三个方面：文明人、文明的管理及文明的环境。班组成员以高标准要求自己，当文明人，讲文明话，做文明事。管理要做到管理的科学化与民主化。班组文明环境是物料码放整齐，工具定置化管理，安全间隙符合要求，消灭现场脏、乱、差，为职工提供一个良好的安全的工作环境，从而保证安全生产。

2. 制定文明生产的规范

文明生产要根据不同点地点制定适应现场的文明生产规范，规范应包括以下内容：

（1）各类物料要定置化管理，码放整齐，悬挂物料牌。

（2）各类工具定置化管理，安放在专用支架上。

（3）牌板吊挂一条线。

（4）工程质量要达到优良级。

（5）提高现场卫生面貌，消除杂物，提供良好的工作环境。

3. 落实文明生产责任

文明生产是煤矿质量标准化工作的重要内容。首先，文明班组建设必须与质量标准化建设结合进行。其次，文明生产也是班组安全文件化建设的重要内容，必须通过一系列的文明生产工程来实现。最后，班组应根据岗位划分文明生产责任区域，制定文明生产整治标准和考核规定，将责任分解落实到每个岗位每个职工以及职工生产生活的各个环节，提高职工搞好文明生产的责任感和积极性，创建班组安全文化。

 阅读材料

## 松藻煤矿文明生产考核实行买单制

为进一步加强现场文明生产管理，以此促进矿井质量标准化水平的提升。2009 年 2 月 25 日，松藻煤矿对文明生产管理作出补充规定，文明生产考核实行买单制。

按照"区域范围内谁主管谁负责，谁出现问题谁买单"的区域责任制原则，松藻煤矿对采掘及二线基层队的文明生产管理区域进行了严格的划分，在文明生产实行梯级管理和追踪处理的基础上，以买单的形式对文明生产进行考核。即单位区域范围内出现文明生产一处不合格，责任单位正职以 5 元/条买单，副职按正职 0.8 的系数买单，同时扣考核责任队安全质量结构工资 0.01 分；安检员对所辖区域的文明生产负有监管责任，若当班安检员现场没有发现的文明生产方面的问题被矿检查到，安检员按 1 元/条买单；部室人员凡下井所到区域对文明生产存在的问题视而不见，被矿检查到，部室人员则按 10 元/条买单。

## 【讨论与思考】

1. 阅读材料，思考并讨论在生产作业中，应如何加强不同工区之间，不同班组之间的协调？

2008 年 5 月 19 日 5：30，运输工区汇报漏斗堵塞，调度室立即通知巷修工前去处理。巷修人员到达现场检查后发现煤仓内底部有 3 块大矸石挤在一块堵塞漏斗无法处理，调度室再次通知附近掘进工区派人前去协助处理，于 9：10 恢复正常装载。

事故发生主要原因：机运工区岗位工工作不负责任，对运输系统中存在的大块矸石未及时采取措施处理。综采工区管理不到位，工作面转载机处负责处理大矸石的人员未对工作面下来的大矸石进行破碎，就进入运输系统，是造成这次事故的重要原因。

2. 阅读材料，思考并讨论面对这种违章作业行为，应采取何种措施来防范？

2008 年 6 月 12 日夜班 2：56 分，某工作面在正常出煤时，在推移刮板输送机的过程中，因无连接销造成溜槽扒口错茬，刮板输送机司机强行开机，将底部链条开出链轮外，影响生产 2 小时 33 分钟。

主要原因：现场设备配件不全，刮板输送机缺少连接销，维护不及时，司机不正规操作，野蛮使用设备。管理不到位，现场隐患排查不严不细，未及时发现转载机存在的隐患。

# 第二节　制　度　管　理

## 一、班组制度管理的重要性

俗话说："没有规矩，不成方圆"，没有制度的约束，队伍就没有执行力。打造一个好的团队，必须有切实可行的制度，约束职工的行为，增强责任感，提高团队意识，这样才能提高班组的战斗力和凝聚力，提高班组建设水平。班组制度管理的作用主要有以下几点：

（1）明确职责。通过建立完善的规章制度，明确班组和个人的工作职权与工作义务。在生产过程中，工作环节，节节相扣，出现问题后，能够迅速查找哪个环节出现问题，谁的责任，并调动班组成员主动补救。

（2）规范行为。制度的建立完善有助于班组成员对自己的行为进行规范。有了统一的行为规范标准，在生产作业现场，班组成员就可以做到"有法可依，有章可循"，自觉遵守规章制度，正规操作，减少人为事故的发生。

## 二、班组制度管理的分类

班组管理制度按照管理侧重点可分为安全管理制度、生产管理制度、质量管理制度和创新管理制度。

1. 安全管理制度

"安全第一，生产第二"，班组管理应把安全放到首位。安全管理制度应明确班组每一名成员的安全责任范围，学习并掌握"三大规程"与现场施工有关的内容，持证上岗，正规操作，按章作业，杜绝违章。制定安全目标，明确奖惩办法，约束激励并行，确保员工安全。把班组安全生产提升到制度和法规的层面上来。

班组应建立的安全管理制度有：①安全生产岗位责任制；②安全作业制度；③安全分析排查制度；④安全检查考核奖惩制度。

2. 生产管理制度

生产管理是班组管理的重点，生产管理制度是班组正常生产的保障和动力。生产管理制度要有详细的劳动定额明细，合理的分配机制，日清日结，公开透明，提高班组成员的劳动积极性。

3. 质量管理制度

为提高工程质量，必须制定班组质量管理制度。明确每一项工序要干到什么标准，达不到标准的一律返工，保证工程质量优良率达到100%。质量管理包括强化质量管理意识、质量管理责任制、质量验收制度。

4. 创新管理制度

积极探索新设备、新工艺、新技术的使用，积极开展劳动竞赛、岗位练兵、技术比武等活动，制定创新激励政策。对于有"五小"创新成果的员工要适当给予奖励，营造全员创新的氛围。

### 三、班组管理制度的贯彻落实

1. 让制度深入人心

班组管理制度的建立就是为了有效地贯彻落实，不但规范了员工行为，同时，保证生产作业质量，提高班组组织建设能力。班组要通过牌板、班前班后会等形式让制度深入人心，提高制度执行力度。

注重班组长的示范作用。班组长是本班组生产管理的第一责任者，是制度执行的第一人。班组长对制度执行的力度，直接影响到班组的其他成员。因此，班组长要以身作则，率先垂范，要求别人做到的，自己首先做到、做好。执行制度要人人平等，凡是违反制度的绝不姑息迁就。

2. 不断完善制度

区队的管理者要重视班组管理制度的建立。生产环境、作业现场是动态的，人员情况也是一直在变化的。班组长及班组成员应根据不同的作业情况向区队提出合理化建议，区队以班组的工作经验教训为基础建立完善的真正适合本工区班组特点的管理考核制度，使班组制度成为区队各项制度的基础。同时，区队的管理者要支持班组长执行制度，帮助班组长提高领导艺术，做好制度执行中的思想工作，为制度顺利执行保驾护航。

3. 严格制度考核

制度建立后，建立严格的制度落实考核机制来确保制度的执行。用"制度化管理，程序化运作，注重过程控制，突出结果考核"的管理理念规范管理行为，关键在于考核，关键在持之以恒。"严"是落实制度的关键，只有严字当头，并且坚持下去，班组成员按章作业的好习惯才能逐步养成。严格管理同持之以恒是相辅相成的，严一阵，松一时，不但制度落实不到位，而且班组成员易形成懒散风气，导致作业质量不高，甚至影响正常生产。

**四、提高员工遵章守纪自觉性**

1. 人性化管理

企业管理的根本点是人，而人是有思想、有个性、受特定精神力量控制的。因此，要重视营造人性化的班组工作环境、重视对人的基本价值观、对人精神世界的引导和控制，以激发员工的内在活力、开发员工的动力源泉、提高员工的整体素质，创造一种平等尊重、积极主动、和谐严谨的安全文化。

阅读材料

# 开拓二区员工过生日管理办法

为充分调动全区员工的工作激情，体现开拓二区大家庭的温暖，使广大员工充分发挥在安全生产等方面的积极性，促进我区各项工作健康、和谐发展，特制定本办法：

1. 员工生日当天由文核员提前进行生日休班考勤，补助66元生日礼物，不算当月出勤。

2. 员工当天自愿出勤的除执行正常出勤工资外，仍享受生日补助费66元。

3. 员工生日日期工区一旦公布，严禁更换或调整日期。

4. 本月员工井下出勤低于16天或出现连续旷工三天及以上情况的，不享受生日补助待遇。

5. 有一名班组长生日休班时另一名班组长必须上班，否则按同休各罚款100元。

6. 参加矿上组织的班组长生日宴会，计算出勤。

### 2. 加强教育培训

加强安全生产教育，强化员工安全意识，以增强员工的安全生产自觉性。要求每个员工从自己做起，严格执行安全生产制度，养成严格认真、一丝不苟执行安全规程的好习惯、好作风。

安全教育应富有针对性、形象性。要采取多种形式，进行正面引导和多侧面、多层次的安全教育，做到安全教育常抓常新，入心入脑，促使员工实现"要我安全"到"我要安全"的实质性转变。

阅读材料

# 基层区队班组培训办法

### 一、培训计划的编审

1. 培训计划根据本工区班组实际需要，确定各工种学习内容。工区技术负责人每月1

日前制定本单位培训实施计划，由区长签字，经专业副总审核后实施。实施计划应明确培训进度、讲课人员和参加培训的人员。

2. 区队班组培训学习要讲求实效，理论结合实际，讲课人员有讲课教案，员工有学习记录。

二、业余培训考核管理办法

1. 每周二、三、四班前会组织职工学习，不迟到、不早退，按时到学习室学习。

2. 及时记录学习内容，学习记录本要按指定的地点存放，工区对学习记录随时进行抽查。

3. 讲课人员必须提前备课，按时上课。

4. 即不出勤也没参加学习的，第二天必须补课学习。

5. 每月进行一次全员考试，按考试成绩分别奖励各班次前五名人员各50元，后5名以及不及格人员各罚款20元。

6. 参加矿组织的各类考试成绩进入前六名的分别给予50至300元奖励，倒数后三名的给予20至50元的罚款。

3. 营造安全氛围

宣传工作是员工遵章守纪的助推器。要充分利用矿内的宣传媒体，加强安全宣传、安全教育。广泛开展反"三违"宣传，利用各种宣传工具、方法，大力宣传遵章守纪的必要性和重要性、违章违纪的危害性，营造一个良好的安全氛围。

（1）主题鲜明。每个矿、每个时期都有不同的安全工作主题，所以每个时期的安全文化氛围营造都要确定一个鲜明的主题，使安全文化氛围营造的主题更加集中。

（2）切合实际。从本煤矿实际出发，切合本矿传统，因势而造、顺势而为、乘势而起。

（3）职能明确。企业文化向安全生产领域延伸需要相关职能部门协同努力，分项工作要专人负责，有标准、有考核、有奖惩，才能真正保证安全文化氛围的营造工作件件落实。

（4）内容丰富。多种风格、多种档次，多种形式，多种内容，满足各个层面的多种需求。

（5）形式活泼。让职工及其家属喜闻乐见。高雅与通俗，传统与现代相结合，合乎职工趣味。

（6）广泛参与。职工群众既是安全文化的接受者又是创造者，职工群众参与的过程，就是安全文化氛围的营造过程，也是氛围发生作用、产生工效的过程。

（7）注重实效。做实功、求实效，把实践效果作为检验标准。不走过场、不搞形式主义。

（8）创新改进。随着时间的推移，许多安全方面的新法规、新政策需要宣传，许多新问题、新对策需要了解，内容的更新需求一般比形式变化的速度要快。内容创新是必须完成的硬任务，形式的创新是氛围营造是否成功的决定性因素。从一定意义上说，创新是安全文化氛围的生命力所在。

## 【讨论与思考】

阅读下面的材料，思考并讨论如何把管理制度落到实处？

为进一步强化制度化管理、程序化运作体系建设，提高各级管理人员的大局意识和责任意识，按照"职责无缺项、凡事有考核、事故必追究"的思路，孙村煤矿制定了问责制度，并取得了良好的效果。

实行问责制是推行闭合管理、制度化管理、程序化运作、法制化建设的基础和保障，通过制度健全完善"明确责任→实施问责→责任追究"体系，最终将"事故必分析、分析必追究、责任必落实"的模式固化下来，杜绝失职、减少失误，增强各级管理人员的责任意识，提升团队执行力，从而保证职工群众对企业发展的知情权、参与权、监督权，促进企业和谐快速发展。

按照"一中心、二部、四公司"管理格局，对各种责任事故（事件）问责范围主要分为以下七类：安全事故、生产事故、技术事故、经营事故、后勤事故、影响稳定事故以及其他类型事故。在全矿所发生的各类事故中，实行事故问责制度。

事故问责要严格执行"四不放过"的原则，即坚持所有事故必须分析，分析必须找出原因（找出责任人），找出原因必须责任追究，责任追究必须有处理意见。

事故问责追究必须做到实事求是，责任到人，教育、惩处相结合，并按照凡事有分析、凡事有责任人、凡事有追究、凡事有考核、凡事有落实、凡事有反馈的原则，对发生的事故或事件进行问责追究。本办法所指的事故，主要指由于工作失误所造成的意外损失或不良影响的事件。事故责任追究，追究的是因工作失误给企业造成经济损失或不良影响的有关责任者。

# 第三节　　班组的成本管理

## 一、班组长必须关注成本

### 1. 材料成本

班组在现场使用材料时要按照规程措施规定的用量合理使用，主要做到以下几点：

（1）由区队统一计划，合理组织供应。班组定期上报材料使用计划，由工区统一安排供应。如遇到特殊情况可以追加计划。

（2）领取制度与回收制度相结合。严格执行材料领取登记制度，切实做到各种物资的合理运用；加强材料的使用管理。注意回收复用，修旧利废。

（3）在现场使用材料时要按照规程措施规定的用量用料，将材料的消耗降到最低限度。

### 2. 隐性成本

班组在施工中除了材料的损耗造成的成本增加之外，还有因施工质量差增加材料使用造成的成本增加，因岗位人员安排不当导致劳动生产率降低造成的成本增加，因设备无法使用导致生产任务完不成造成的成本增加，这些都是班组成本的组成部分，而这些成本隐藏在施工过程中，往往被忽视，无形之中降低了班组生产效益，所以班组成本管理应重点加强隐性成本管理。

## 二、班组降低成本方法

### 1. 强化班组成本观念

加强对班组成员的培训及制度的贯彻，提高班组成员对班组成本重要性的认识，增强班组成员节能降耗和提高劳动生产率意识，加强现场管理，提高经济效益。

要把材料消耗与工资挂钩，实现工资明晰化、透明化，让职工看得到两者之间的比例关系，明白降低成本就是提高工资、节支等于增收的道理，促使班组成员自觉主动的进行节能降耗、节支降耗、节材降耗。

2. 强化标准控制成本

认真组织职工学习"三大规程"与现场有关的内容，掌握各工序施工方法及施工标准，狠抓现场施工标准的落实，保证施工质量一次达到标准要求，减少杜绝返工，杜绝材料浪费，减少材料的损耗。

3. 强化机电设备管理

（1）正确使用设备。认真学习机电设备使用说明书，掌握机电设备的结构、机理及使用方法，按章操作，不野蛮使用，保持机电设备清洁完好。

（2）建立机电设备管理台账。每班对设备进行点检，精心维护。岗位工人按照机电设备检修标准，抓主要检测点，交接班时定期全面检测；设备运行期间动态巡回检测；值班电、钳工定期巡回检测；对于易发生故障的关键部位进行定期跟踪专业检测。

（3）定期或不定期检查制度。定期对设备进行拆检，按照设备结构顺序进行拆装，提前更换损坏配件，做到防患于未然。实行全员管理，特别是生产工人要参加力所能及的检查和维护工作。设置专职维护管理员，按设备分片进行管理。

4. 提高劳动生产效率

（1）制定合理的劳动定额和分配办法，根据所在的岗位特点、安全系数和劳动强度合理分配，多劳多得，提高职工劳动积极性。

（2）合理安排各个岗位的人员，持证上岗，定岗定员，使岗位人员业务水平熟练化，岗位专业化。

（3）各工序之间要统筹安排，工序与工序之间的衔接要紧密，尽可能平行作业，提高时间利用率。

5. 采取现代管理技术

班组管理要向学习型、创新型班组发展，在继承原有好传统、好方法、好经验基础上，大胆创新，开展"五小"创新活动。制定激励政策，提高创新活动的吸引力，更好的调动广大职工参与的积极性和创造性。

应积极采用现代化管理技术，建设学习型班组，搭建自主管理平台，主要措施有：

（1）强化班组自我管理意识和能力，实现班组建设从"要我学"到"我要学"的转变。

（2）明确职工参与管理的途径。实行班务公开、民主监督，使班组事务透明化。

（3）开展自主管理活动。对班组中涌现出的自主管理成果，定期评选，对优秀成果进行表彰奖励。

## 【讨论与思考】

阅读以下材料，思考并讨论如何应对不同原因事故造成的成本增加？

材料1：2008 年 4 月 29 日，掘进工区提出在某回风巷交接申请，4 月 30 日生产公司同意交接。5 月 1 日矿井放假检修，5 月 2 日早班调度室组织交接时，因掘进工区 2 日夜班需要某运输巷开门，区长已安排夜班人员将该回风巷内的风筒撤除，并联系通防工区早班打板壁，造成该回风巷无法组织验收。

经分析认为：

（1）掘进工区管理人员对矿文件规定学习不透彻，对交接程序不熟悉。巷道未交接也未经生产公司经理同意，便安排回撤巷道设备，也未履行特殊情况程序，造成巷道无法交接，这是造成工作失误的直接原因。

（2）调度室组织交接不到位。4 月 30 日申请生效进入程序后，因 4 月 30 日矿井停产撤人演习，5 月 1 日矿井放假检修，掘进工区急于另一运输巷开门，调度室对生产单位生产了解不清，没有及时组织交接，也是主要原因之一。

材料2：5 月 18 日中班 11：20 分，值班人员经过某下巷时发现下巷存有积水，联系调度室，经相关工区电工排查是水泵烧坏造成的。影响正常排水 3 小时 40 分钟。

经分析造成事故的原因是：

（1）该工区机电设备日常维护不到位，潜水泵自吸装置损坏，导致潜水泵长时间空转，是造成事故的直接原因。

（2）该工区管理不到位，维护人员隐患排查和设备点检制执行不认真，未能及时发现潜水泵存在的隐患，是造成事故的主要原因。

材料 3：2008 年 5 月 30 日早班，检查人员在某开切眼巡查工作时，发现该开切眼小，影响工作面采煤机的正常安装。

经分析造成事故的原因是：

（1）生产准备专业管理不到位，因该工作面安装时间紧，考虑等安装采煤机时再对开切眼进行调整，是造成事故的直接原因。

（2）掘进工区技术副区长工作考虑不到位，未及时提出修复措施，致使开切眼未能及时施工到位。

# 第四章　班组安全管理

加强班组安全基础管理是煤矿企业安全管理的基本环节，是抓好煤矿安全管理的关键。把加强班组安全基础管理作为一项长期的、根本性的基础工作，纳入煤矿整体安全工作规划中，切实解决好班组安全管理中所存在的问题，这对于全面提升煤矿综合管理水平和整体绩效，实现煤矿的平安发展、科学发展和快速健康发展，具有十分重要的现实意义和深远的历史意义。

## 第一节　班组安全管理的原则与内容

### 一、班组安全管理原则

1. 目标性原则

班组安全管理的目标是为了防止和减少伤亡事故与职业危害保障职工的安全和健康，保证生产的正常进行。"安全就是效益、安全就是政绩、安全就是生产"，目前已经成为全省煤矿企业广泛尊崇的目标原则。

2. 参与性原则

（1）按照班组的组织结构和岗位设置，为各岗位配备称职的人员，实现班组成员合理配置，获取最佳效能。

（2）变强制命令式管理方式为理解和参与式管理。在煤矿企业普遍实行班组长负责制，推行班组长是现场安全生产第一责任者的措施，实践证明，这是正确的。在相对独立的班组工作中，必须防止班组长取代班组成员集体力量的倾向，班组安全管理要集思广益，建立和谐班组，为班组成员才能的发挥创造良好的环境。

(3) 培养和发掘班组成员的才干，在班组不断发展的同时，使员工个人也得到发展。

3. 规范性原则

班组安全管理规范化，主要是建立规范的班组安全管理运行机制，制定完善各种安全生产管理制度和安全技术规范、操作程序和岗位标准等，实现安全生产标准化。

## 二、班组安全管理内容

1. 强化班组培训

结合班组实际，制定班组员工安全培训的年度、季度、月度培训计划，采取每日一题、每周一课、每月一考、每季一评的形式，加强对员工的培训。同时利用岗位练兵、技术比武、以师带徒等方式，强化员工应知应会教育，增强员工安全工作的能力，提高班组员工安全工作的整体素质。

2. 学习作业规程

作业规程的学习是安全生产工作的重要内容，是广泛动员和组织班组成员规范安全生产的有效载体，是规范现场作业的基础。通过编制生产工艺、机器设备、作业环境、管理制度和操作方法在内的整个生产的作业规程，约束员工在实际生产过程中的操作行为，发现和排除不安全因素，将发生事故隐患消除在萌芽状态。

3. 严格管理制度

主要是检查班组是否建立了安全管理规章制度，班组安全管理组织机构是否健全，全员管理、目标管理和生产全过程管理的工作是否到位；检查班组长是否把作业规程的执行工作列入班组的重要议事日程，检查班组长在计划、布置、检查、总结生产的同时，是否将规程执行情况作为重要内容。

4. 规范现场作业

在生产作业现场，查找规程中的漏洞、人的不安全行为和物的不安全状态，检查生产作业场所的环境及劳动条件是否符合规程的要求。如安全通道设置是否合理、畅通；机电等特种设备是否定期进行维修，各种机械设备上的安全防护装置是否齐全、可靠、有效。

5. 突出隐患整改

主要检查本班组工作场所及沿线存在的事故隐患和发现的问题是否进行了整改。依据规程排查的隐患、整改措施和期限，认真进行复查，检查是否已经整改，以及整改的效果如何；对没有整改或整改措施不力的班组，要再次提出要求，限期整改；对存在重大事故隐患的设备和班组要责令其停产整顿。

作业规程的编制必须符合现场实际，作业规程编制要简明易懂、容易掌握，符合生产现场安全管理的实际情况。因此，班组应针对不同的作业规程，事先准备好相应的安全工作方式，这样才可以使作业规程在具体工作中切实得到贯彻执行。

6. 落实岗位职责

（1）工种岗位责任制是企业规章制度的重要组成部分。安全生产责任制是企业各项安全生产规章制度的核心，是企业规章制度的重要组成部分，也是国家有关法律法规在企业安全生产中的具体体现。在《国务院关于加强煤矿安全工作的特别规定》（国务院第446号令）中，对安全生产责任制做了比较细致的规定，在国家相继颁布的《矿山安全法》、《安全生产法》、《职业病防治法》、《煤矿安全监察条例》等各项安全法律法规中，安全生产责任制都被列为重要条款，成为安全生产管理工作的基本规定，按照安全生产方针和"管生产的同时必须管安全"的原则，安全生产责任制将各级负责人、各级职能部门及其工作人员、各岗位生产工人在安全生产方面应负的责任加以明确规定。这也是我们通常所说的工种岗位责任制。可以说，工种岗位责任制是安全生产责任制的具体细则，也是各工种岗位安全生产职责的统一行为准则。

工种岗位责任制是根据"安全生产，人人有责"的原则制定的。工种岗位责任制主要是针对各工种岗位在具体的生产工作中，反映出来的不利于安全生产的各种因素，明确安全职责，予以强化管理，使员工增强对安全责任的认识，并在工作中得到感悟，承担起安全责任。同时使广大职工认识到自己在生产安全方面的权利和义务，牢固树立安全责任意识。

工种岗位安全生产责任制是安全生产政策法规和安全生产本质的反映，是指导各工种岗位安全生产工作的根本制度。通过工种岗位安全生产责任制的贯彻执行，可以增强广大员工安全生产的法制观念。

（2）落实工种岗位责任制的要求和措施。班组长作为企业最基层的管理者，必须具有较高的安全素质，掌握与自己工作有关的安全技术知识，认真履行岗位责任。班组长要具备较高的现场安全管理水平，懂技术、善管理，要把抓好工种岗位安全责任制等工作放在第一位。

工种岗位责任制是企业贯彻执行国家有关安全生产法律法规、标准的一项重要措施，是抓好现场安全管理、防止事故的重要手段，也是安全管理工作的一项重要内容。通过落实工种岗位责任制，可以在生产过程中对安全生产状况作出正确评价，以便有计划、有步骤地采取应对措施，保证生产过程中的安全。贯彻落实岗位责任制，必须明确目的、要求和具体措施，建立由班组长负责、班组员工参加的工种岗位责任制检查制度。把执行工种岗位责任制作为抓好现场安全生产、实现安全规范作业的基础。

7. 执行质量标准

标准化的目的就是要统一和优化生产作业的程序和标准，求得最佳的作业质量、作业环境、生产效益。采用安全质量标准化作业，是一项从根本上保证员工在生产工作中安全和健康的重要措施。各项操作实行安全质量标准化，员工就会按照规定的程序和作业标准进行操作，准确无误地完成整个作业过程，从而保证班组的生产活动有条不紊地进行。

安全质量标准就是让每一名员工明确知道先做什么后做什么，确保每个环节的标准。

不同岗位、不同工种生产作业有不同的质量标准。安全作业标准涉及操作标准化、设备管理标准化、生产环境标准化、人的行为标准化、物的管理标准化等。

制定安全质量标准化作业标准的目标和原则是：目标使每一名员工的不安全行为、物的不安全状态、环境的有害因素等得到有效控制；原则从根本上保障劳动者的安全与健康。

执行安全质量标准化作业，就是改变以往的习惯性作业及不规范做法，需要"严"字当头，严格要求，严格管理，严格考核，奖惩分明。实行按岗位定职责、按职责定标准、按标准进行考核。

安全质量标准化作业是班组安全管理的一项基础工作，也是现代科学管理的一项重要内容。在班组推行标准化作业，班组长是关键。因此，在工作中，班组长要以身作则，不但自己要坚持高标准、严要求，还应与有关部门积极配合，在班组中采取有效措施，推进安全质量标准化作业。

安全质量标准化作为一项制度，班组必须采取有力的措施来保证其实施。由于传统思想、习惯做法的影响，少数职工对新标准化作业可能会产生抵触情绪，不愿或不肯自觉执行；有的职工还存在着不理解、怕麻烦的思想。因此，班组长要强化班组现场管理，讲清实行安全质量标准化作业的重要意义及对职工自身安全的保证作用，使职工能自觉按照安全质量标准化作业标准进行操作。

## 【讨论与思考】

1. 班组安全管理的内容主要有哪些？
2. 结合班组工作实际，阐述自己所辖班组内各工种岗位责任制。

## 第二节　　班组现场安全管理流程与方法

### 一、现场安全制度管理流程

班组制度管理的目的是保持规章制度动态持续的适应班组建设相关工作的实际情况和管理需要。因此，对区队班组的制度管理，通常包括规章制度的建立、执行、评估和修改等四个步骤。但是，由于规章制度应该保持相对的稳定性，执行和评估方面的工作量远远大于建立和修改方面的工作量，日常制度管理工作更多地集中在执行和评估两个方面。

1. 制定规章制度

规章制度的建立必须与班组的实际情况相吻合，一般步骤如下：

(1) 由企业领导或班组提出建立某项制度的目的和要求。

(2) 相关职能部门或区队相关人员研究起草初步方案。

(3) 分管领导组织讨论修改。

(4) 由企业领导或区队长、班组长通过一定的决策程序批准和颁发。

2. 执行规章制度

为使规章制度能顺利的得到贯彻执行，应当注意以下的问题：

(1) 大力培养法制意识。企业和区队班组要坚持制度面前人人平等。培养领导干部带头遵守规章制度的意识；领导干部要养成按照规章制度进行管理的习惯，克服管理工作的随意性。

(2) 全面提高员工执行管理的自觉性。大力培养员工严肃认真、一丝不苟的工作作风，培育有章必循、违章必究、令出必行、执法必严的良好氛围。

(3) 高度重视制度培训。通过培训，区队班组的相关人员熟悉规章制度的内容和要求，掌握执行规章制度所需要的业务技术和知识技能。

(4) 认真进行检查和奖惩。企业和区队班组要定期和不定期的检查规章制度的执行情况，督促区队班组严格执行，纠正执行中的问题，并对每个区队班组岗位实行定性和定量考核，把考核结果同进职、奖惩等结合起来。

3. 评估规章制度

企业和区队班组必须根据外部环境变化、企业发展、技术的更新、管理水平的提高、人们认识的深化、制度检查中发现的问题等，定期对区队班组建设的规章制度进行评估，对它的适用性做出结论性评价，提出保持、修改或废弃等处理意见。提出修改或废弃意见务必要慎重，既要有一个相对稳定的时间，不能朝令夕改，又要根据内外部环境的变化，适时适度修改不适合的规章制度。

### 4. 修改规章制度

通过规章制度评估，确定要修改的规章制度时，一般应参照规章制度建立的步骤进行编制、审核和批准。规章制度修改要坚持先立后破的原则，只有制定出新的合理的规章制度，让员工逐步熟悉和习惯之后，才能废除旧的规章制度。

## 二、现场安全管理方法

### （一）落实安全生产责任

企业必须以国家现行法律法规标准为依据，结合本企业的生产实际，吸收借鉴国内外其他企业的先进经验，建立健全本企业安全生产规章制度，其中，又以安全生产责任制为核心。

企业要制订从总经理、总工程师、各职能部门直到生产工人及具体工作岗位的安全生产责任，形成全员性的安全生产责任制。

### （二）改善安全生产条件

《劳动法》第54条规定："用人单位必须为劳动者提供符合国家规定的劳动安全生产条件和必要的劳动防护用品"。企业要严格执行上述国家法律的规定，为企业职工创造安全健康的生产条件，实现安全生产。

班组长在生产现场，要明确在有危险因素存在的场所和有关设备、设施上，设置明显的安全警示标志；在生产作业现场，设有符合紧急疏散要求、标志明显、保持畅通的出口，禁止封闭、堵塞安全出口。

"三同时"是指凡新建、改建、扩建的工矿企业和革新、挖潜的工程项目，都必须有保证安全生产和消除有毒有害物质的设施。这些设施要与主题工程同时设计、同时施工、同时投产，不得消减。

### （三）坚持安全监督检查

### 1. 安全检查的内容

（1）查有无进行三级教育。

（2）查安全操作规程是否公开张挂或放置。

（3）查在布置生产任务时有无布置安全工作。

（4）查安全防护、保险、报警、急救装置或器材是否完善。

（5）查个人劳动防护用品是否齐备及正确使用。

（6）查工作衔接配合是否合理。

（7）查事故隐患是否存在。

（8）查安全计划措施是否落实和实施。

2. 安全检查的形式

安全检查的方法有：经常性检查、专业性检查，还有节假日前的例行检查和安全月、安全日的群众性大检查。另外，教育班组成员养成时时重视安全、经常注意进行自我安全检查的习惯，是实现安全生产，防止事故发生的最重要形式。

3. 自我安全检查要点

自我安全检查可分为五类注意事项：

（1）工作区域的安全性。

（2）使用材料的安全性。

（3）工具的安全性。

（4）设备的安全性。

（5）其他防护的安全性。

（四）加强安全意识教育

安全生产教育是实现安全生产的一项重要基础工作。班组长必须坚持对职工进行安全生产教育。

1. 安全生产教育的内容

安全生产教育的内容一般分为思想、法规和安全教育三个方面。

2. 安全教育的形式和方法

安全生产教育的主要形式有"三级教育"、"经常性的安全宣传教育"等形式。

（五）实施动态安全管理

在现场安全管理中，班组管理发挥着重要的作用。在遵守各种安全管理的基础上，各班组应该自主进行富有创造力的活动。如汇总本班组存在的安全事故因素并拟定对策；把每个员工的安全工作化为分数纳入到每个员工的月度考核中；把安全知识纳入到综合技能考试的试题中等。

【讨论与思考】

1. 班组安全教育的内容主要有哪些？
2. 班组安全检查的方法有哪些？
3. 班组安全管理制度制定的一般步骤是什么？

## 第三节　班组现场作业隐患排查与治理

### 一、隐患的概念及分类

（一）隐患的概念

隐患通俗地讲就是没有显露出的祸患。在煤矿安全生产过程中，安全隐患泛指可能导致事故发生的物的不安全状态、人的不安全行为、管理上的缺陷及环境的不安全条件。

2007 年 12 月 22 日国家安全生产监督管理总局公布施行的《安全生产事故隐患排查治理暂行规定》第三条明确表述了安全生产事故隐患的概念，即安全生产事故隐患（简称事故隐患）是指生产经营单位违反安全生产法律、法规、规章、标准、规程和安全生产管理制度的规定，或者因其他因素在生产经营活动中存在可能导致事故发生的人的不安全行为、物的危险状态和管理上的缺陷。

（二）隐患的分类

1. 按隐患危险程度分类

按隐患危险程度通常分为一般隐患、重大隐患和特别重大隐患。

一般隐患：危险性不大，事故影响或损失较小的隐患。

重大隐患：危险性较大，可能造成人员伤亡或财产损失的隐患。

特别重大隐患：危险性大，可能造成重大人身伤亡或重大财产损失的隐患。

《安全生产事故隐患排查治理暂行规定》将事故隐患分为一般事故隐患和重大事故隐患。

一般事故隐患，是指危害和整改难度较小，发现后能够立即整改排除的隐患。

重大事故隐患，是指危害和整改难度较大，应当全部或者局部停产停业，并经过一定时间整改治理方能排除的隐患，或者因外部因素影响致使生产经营单位自身难以排除的隐患。

2. 按危险类型分类

按危险类型隐患通常分为：通风、瓦斯、煤尘、火灾、水害、提升运输、机电、爆破、顶板、矿震、冲击地压、中毒、泄露、腐蚀、断裂、变形、高处作业、容器内作业、动火作业、带压堵漏作业、动土作业、吊装作业和其他。

3. 按隐患的表现形式分类

按隐患的表现形式通常分为：人的不安全行为、物的不安全状态、管理上的缺陷以及环境的不安全条件。

(三) 班组现场隐患表现的形式

班组现场隐患的形式表现在方方面面，其中主要表现在现场物的不安全状态、人的不安全行为、管理上的缺陷以及环境的不安全条件。

在管理上的缺陷方面，主要有班组安全生产相关规章制度不完善、不健全；班组长自身安全素质不高，或只注视生产而对事故隐患视而不见、监管不力；班组现场管理不按制度办事，以人情、义气代替规章、原则等。在环境的不安全条件方面，主要有厂房、车间、巷道、采煤工作面等作业场所设计不合理；设备摆放、材料堆放不符合安全规程要求；职业危害场所没有安装防噪声、防辐射、防尘或消毒等设施，工人没有佩戴合适的个人安全防护用品；矿井井下瓦斯、煤尘、顶板、水害等灾害超过规程、标准规定等。

从班组现场安全隐患的实际管理看，较多地表现在现场物的不安全状态和人的不安全行为方面。现场物的不安全状态和人的不安全行为也是直接导致事故发生的一个重要原因。单纯就物的不安全状态和人的不安全行为而言，主要有以下表现形式：

1. 物的不安全状态

物的不安全状态多表现在如下方面：

（1）设备自身的防护、保险、信号等装置不安全或存在缺陷。

（2）设备、设施、工具、附件存在缺陷。

（3）个人防护用品、用具使用不当或存在缺陷。

（4）生产（施工）场地环境不良，设备、材料、工具没有按照指定位置存储摆放。

（5）消防器材不合格或已过期。

（6）特种设备已过检验期等。

2. 人的不安全行为

人的不安全行为多表现在如下方面：

（1）操作失误，忽视安全，忽视警告，对警报声、故障指示灯麻痹大意，忽视、误解安全信号。

（2）工人不遵守安全操作规程，违章作业，如：攀、坐不安全位置，直接用手代替工具操作，在机械运转时进行加油、检修、清扫工作等。

（3）对习惯性违章操作不以为然，对隐患的存在抱有侥幸心理，如：高空作业不系安全带，电焊作业不穿绝缘鞋，高速旋转作业不戴防护眼镜，金属切削作业戴手套，有毒、有害作业不戴防毒面具等。

（4）技术水平、身体状况不符合岗位要求的人员上岗作业，冒险进入危险场所。

（5）工人缺乏基本的安全技能，如急救基本知识、消防器材的正确使用、火灾逃生自救等。

（6）工人不正确佩戴个人安全防护用品，甚至放弃不用，如：不按要求佩戴安全帽、高空作业不系安全带、在产生尘、毒的车间不佩戴防尘防毒面具等。

## 二、隐患排查方法

### 1. 排查的基本要求

班组现场隐患排查，要根据现场施工特点，排查生产工艺系统、安全基础设施、作业环境、防控手段等硬件方面存在的隐患，以及安全生产组织体系、安全管理、责任落实等软件方面的薄弱环节。

### 2. 排查的基本方法

由于现场危险因素、人员素质、施工条件、安全装备水平和设施等方面的差异，班组现场隐患排查的具体方法因地、因人、因时而异，主要采用安全检查表法、基本分析法、工作安全分析法、直观经验法、安全质量标准化法等。针对班组现场安全隐患较多的不安全状态和人的不安全行为的现状，从现场操作方便的角度，安全检查表法因其系统性强，在现场被广泛采用。

所谓安全检查表法就是运用已编制好的安全检查表，进行系统的安全检查，排查出存在的安全隐患。下面列举几个常用的安全检查表。采煤工作面班组现场隐患排查治理表见表4-1，掘进工作面班组现场隐患排查治理表见表4-2，机电安装撤除工作面班组现场隐患排查治理表见表4-3。

安全检查表法的实施必须做到4个到位：

（1）班组现场隐患排查的人员必须到位。班组现场隐患排查人员必须有跟班区队长、班组长、安监员，其他的生产骨干及富有现场经验的老工人也可参与，以便发挥群体的优势，更多地发现现场事故隐患。

（2）班组现场隐患排查的措施必须到位。班组现场隐患排查人员通过对工作区域内所有危险及不安全因素的综合评估，确定排除隐患的风险大小、难

表4-1　采煤工作面班组现场隐患排查治理表

工作地点：　　　　　　　　　　　　　　　　　　　　年　　月　　日　　班

| 序号 | 项目 | 检 查 内 容 | 存在问题 | 治理措施 | 整改人 | 复查人 | 备注 |
|---|---|---|---|---|---|---|---|
| 一 | 绞车与运输 | 1. 倾斜井巷提升运输设备是否完好；保护装置是否齐全完整、动作是否可靠；电气设备是否符合规定<br>2. 倾斜井巷内使用串车提升时是否装设可靠的防跑车和跑车防护装置<br>3. 倾斜井巷运输用的钢丝绳及其连接装置和矿车连接装置是否符合规定<br>4. 各类调度绞车的安装和使用是否符合相关规定<br>5. 轨道及道岔铺设质量是否符合规定 | | | | | |
| 二 | 机电设备 | 1. 乳化液泵站和液压系统是否完好；是否有备用乳化液泵；压力和乳化液浓度是否达到规定标准<br>2. 带式输送机防滑保护、堆煤保护、防跑偏装置、温度保护、烟雾保护和自动洒水装置是否齐全完好；应设行人过桥处是否设置；破碎机和行人侧设备转动部位安全防护装置是否齐全有效；消防管路和阀门是否按规定设置<br>3. 刮板输送机安装固定是否符合规定，刮板和螺栓等部件是否齐全完好<br>4. 采煤机是否完好；停止刮板输送机的闭锁装置是否齐全有效；大倾角采煤是否有可靠的防滑装置<br>5. 电煤钻和电缆是否完好 | | | | | |
| 三 | 工作面运输巷、回风巷和安全出口 | 1. 工作面两个安全出口是否畅通<br>2. 工作面运输巷、回风巷的人行道宽度及其他安全距离是否符合规定<br>3. 安全出口与巷道连接处20m范围内是否加强支护，高度是否符合要求，超前支护是否符合作业规程规定<br>4. 上下端头的特殊支护是否符合作业规程规定<br>5. 巷道其他支护是否完整，有无断梁折柱或空帮空顶 | | | | | |

表 4-1（续）

| 序号 | 项目 | 检 查 内 容 | 存在问题 | 治理措施 | 整改人 | 复查人 | 备注 |
|---|---|---|---|---|---|---|---|
| 四 | 工作面支护 | 1. 工作面液压支架、单体液压支柱、摩擦式金属支柱初撑力、支设是否符合规定<br><br>2. 采高是否大于支架的最大支护高度，是否小于支架的最小支护高度<br><br>3. 支护材料是否齐全，是否备有一定数量的备用支护材料<br><br>4. 是否使用失效支柱和顶梁以及超过检修期的支柱<br><br>5. 是否按作业规程规定及时架设密集支柱、丛柱或木（铁）棚，木垛等；支柱迎山角、柱距、排距、人工假顶、柱鞋、挡矸方式、控顶距等是否符合规定<br><br>6. 大倾角采煤时液压支架是否采取防倒、防滑措施 | | | | | |
| 五 | 工作面爆破 | 1. 炮眼封泥是否使用水炮泥，是否存在用煤粉、块状材料或其他可燃性材料作炮眼封泥；是否存在裸露爆破现象<br><br>2. 是否按规定设置警戒线，爆破母线、警戒距离等是否符合规定<br><br>3. 雷管、炸药是否存放在专用箱内并加锁，爆破工是否随身携带合格证件、发爆器钥匙、便携式瓦检仪和"一炮三检"记录<br><br>4. 在有爆炸危险的地点进行爆破时是否按规定进行洒水降尘<br><br>5. 爆破前是否加固爆破点附近支架，机器、工具、电缆等是否加以防护或将其移出工作面<br><br>6. 处理拒爆、残爆时是否遵守有关规定<br><br>7. 是否认真执行"一炮三检"和"三人连锁"制度 | | | | | |
| 六 | 一通三防 | 1. 工作面风量、风速是否符合规程规定<br>2. 瓦斯监测是否符合作业规程规定<br>3. 工作面综合防尘是否符合作业规程规定<br>4. 是否按规定落实隔绝瓦斯煤尘爆炸措施<br>5. 是否按规定落实防治煤层自然发火措施 | | | | | |

表 4-1 (续)

| 序号 | 项目 | 检 查 内 容 | 存在问题 | 治理措施 | 整改人 | 复查人 | 备注 |
|---|---|---|---|---|---|---|---|
| 七 | 防治水 | 1. 工作面是否按规定配备排水设施<br>2. 工作面顺槽是否配备完好的备用水泵,并设专人负责管理<br>3. 是否坚持"有疑必探,先探后采"的原则进行探放水作业 | | | | | |
| 八 | 采煤作业 | 1. 采煤机运行时牵引速度是否符合规定<br>2. 采煤机停机后,速度控制、机头离合器、电气隔离开关是否打在断开位置,供水管路是否完全关闭<br>3. 采煤机是否被用作了牵引或推顶设备<br>4. 倾斜煤层中的移架顺序是否坚持由下而上<br>5. 移架区内是否有人工作、停留或穿越<br>6. 推溜距移架距离是否满足要求,是否出现陡弯 | | | | | |
| 九 | 其他 | 是否存在其他不符合规程、措施的方面 | | | | | |

跟班区队长:　　　　　　　　　班组长:　　　　　　　　　安检员:

表 4-2　掘进工作面班组现场隐患排查治理表

工作地点:　　　　　　　　　　　　　　　年　　月　　日　　班

| 序号 | 项目 | 检 查 内 容 | 存在问题 | 治理措施 | 整改人 | 复查人 | 备注 |
|---|---|---|---|---|---|---|---|
| 一 | 绞车与运输 | 1. 倾斜井巷提升运输设备是否完好;保护装置是否齐全完整、动作是否可靠;电气设备是否符合规定<br>2. 倾斜井巷内使用串车提升时是否装设可靠的防跑车和跑车防护装置<br>3. 倾斜井巷运输用的钢丝绳及其连接装置和矿车连接装置是否符合规定<br>4. 各类调度绞车的安装和使用是否符合相关规定<br>5. 轨道及道岔铺设质量是否符合规定 | | | | | |

表 4-2（续）

| 序号 | 项目 | 检 查 内 容 | 存在问题 | 治理措施 | 整改人 | 复查人 | 备注 |
|---|---|---|---|---|---|---|---|
| 二 | 机电设备 | 1. 乳化液泵站和液压系统是否完好；压力和乳化液浓度是否达到规定标准<br>2. 带式输送机防滑保护、堆煤保护、防跑偏装置、温度保护、烟雾保护和自动洒水装置是否齐全完好；应设行人过桥处是否设置；消防管路和阀门是否按规定设置<br>3. 刮板输送机安装固定是否符合规定；刮板和螺栓等部件是否齐全完好<br>4. 掘进机是否照明良好，各操作手柄和按钮是否灵活可靠，符合完好标准<br>5. 耙装机是否完好，固定是否符合规定<br>6. 电缆是否完好 | | | | | |
| 三 | 工作面支护 | 1. 单体液压支柱、摩擦式金属支柱初撑力、支设是否符合规定<br>2. 支护材料是否齐全，是否备有一定数量的备用支护材料<br>3. 是否使用失效支柱以及超过检修期的支柱<br>4. 架棚巷道工作面是否在爆破前加固工作面支护<br>5. 架棚巷道支架本身质量、支架支设质量、支架间的距离、护帮、护顶、撑木、拉杆是否符合作业规程规定<br>6. 巷道砌碹碹体与顶帮支架是否充满填实，是否符合作业规程规定<br>7. 巷道维修是否做到先支后回，退路是否畅通 | | | | | |
| 四 | 工作面爆破 | 1. 炮眼封泥是否使用水炮泥，是否存在用煤粉、块状材料或其他可燃性材料作炮眼封泥；是否存在裸露爆破现象<br>2. 是否按规定设置警戒线，爆破母线；警戒距离等是否符合规定<br>3. 雷管、炸药是否存放在专用箱内并加锁；爆破工是否随身携带合格证件、发爆器钥匙、便携式瓦检仪和"一炮三检"记录<br>4. 处理拒爆、残爆时是否遵守有关规定<br>5. 是否认真执行"一炮三检"和"三人连锁"制度 | | | | | |

表 4-2（续）

| 序号 | 项目 | 检 查 内 容 | 存在问题 | 治理措施 | 整改人 | 复查人 | 备注 |
|---|---|---|---|---|---|---|---|
| 五 | 一通三防 | 1. 工作面风量、风速是否符合规程规定<br><br>2. 瓦斯监测是否符合作业规程规定<br><br>3. 工作面综合防尘是否符合作业规程规定<br><br>4. 是否按规定落实隔绝瓦斯煤尘爆炸措施<br><br>5. 通风机的安装和使用是否符合规定；是否使用风电闭锁、装有选择性漏电保护装置的供电线路供电；高瓦斯区域是否采用"三专两闭锁" | | | | | |
| 六 | 防治水 | 1. 是否坚持"有疑必探，先探后采"的原则进行探放水作业<br><br>2. 工作面接近探水线时，是否有防止瓦斯和其他有害气体危害的安全措施 | | | | | |
| 七 | 掘进作业 | 1. 在松软的煤、岩层或流沙性地层中及地质破碎带掘进时，是否采取前探支护或其他安全措施<br><br>2. 最大控顶距是否符合规程的规定<br><br>3. 掘进机开机前、后退或调整位置是否先发出信号，确保活动范围内撤出所有人员<br><br>4. 耙装机的使用是否符合作业规程的规定<br><br>5. 采用锚杆、锚喷等支护形式时是否按规定安设锚杆等支护材料<br><br>6. 掘进巷道在揭露采空区前是否按规定落实探查采空区的安全措施<br><br>7. 是否坚持工作过程中的敲帮问顶制度 | | | | | |
| 八 | 其他 | 是否存在其他不符合规程、措施的方面 | | | | | |

跟班区队长：　　　　　　　　　　班组长：　　　　　　　　　　安检员：

表4-3　机电安装撤除工作面班组现场隐患排查治理表

工作地点：　　　　　　　　　　　　　　　　　年　　月　　日　　班

| 序号 | 项目 | 检 查 内 容 | 存在问题 | 治理措施 | 整改人 | 复查人 | 备注 |
|---|---|---|---|---|---|---|---|
| 一 | 绞车与运输 | 1. 倾斜井巷提升运输设备是否完好；保护装置是否齐全完整、动作是否可靠；电气设备是否符合规定<br>2. 倾斜井巷内使用串车提升时是否装设可靠的防跑车和跑车防护装置<br>3. 倾斜井巷运输用的钢丝绳及其连接装置和矿车连接装置是否符合规定<br>4. 各类调度绞车的安装和使用是否符合相关规定<br>5. 多台绞车相邻时，信号是否有明显的区别，不能混杂<br>6. 轨道及道岔铺设质量是否符合规定<br>7. 设备封车是否符合规程措施的规定<br>8. 运输路线安全间隙是否符合规程规定<br>9. 是否严格执行"行人不行车，行车不行人"制度 | | | | | |
| 二 | 机电设备 | 1. 乳化液泵站和液压系统是否完好；压力和乳化液浓度是否达到规定<br>2. 设备拆卸解体和部件组装时，有可能失稳的部件是否采用方木、木垛垫起等措施，易滚动、滑动部件是否采取可靠的防滚、防滑措施<br>3. 是否严格执行停送电制度及停电挂牌制度<br>4. 高压管路的"U"型销是否杜绝用铁丝代替的现象<br>5. 安装的机械转动部位或传动部位是否有防护罩<br>6. 设备运转前是否发出开车警示信号，是否清理危险区域内的人员<br>7. 液压管路在运输和存放时是否采取封堵等防尘措施 | | | | | |
| 三 | 顶板管理 | 1. 工作面是否存有一定数量的备用支护材料<br>2. 是否使用失效或不完好的支柱等支护材料 | | | | | |

表 4-3（续）

| 序号 | 项目 | 检 查 内 容 | 存在问题 | 治理措施 | 整改人 | 复查人 | 备注 |
|------|------|------|------|------|------|------|------|
| 三 | 顶板管理 | 3. 是否使用作为永久支护的锚杆、锚索进行起吊<br><br>4. 工作面安装的支架前梁是否接顶严实，护帮板是否正常使用<br><br>5. 安装好（或未撤）的支架是否完好，各立柱、千斤顶、阀件是否有漏液、窜液卸载现象<br><br>6. 单体支柱是否拴防倒绳，是否紧固有效；底板松软时是否穿鞋；顶板破碎处撤出前是否采取其他支护措施<br><br>7. 改棚换柱是否执行先支后回的原则，确保人员在支护的安全空间下操作<br><br>8. 调、撤掩护支架、端头支架是否按措施要求支设好抬棚或点柱 | | | | | |
| 四 | 起吊管理 | 1. 利用锚杆做吊点时，物件是否超重；大于 2t 的设备起吊是否采用多个锚杆作为一个吊点<br><br>2. 利用锚杆做吊点时，起吊环是否上满丝；用 40t 型链子做吊环时，连接环是否上紧螺栓<br><br>3. 利用棚梁做起吊生根点时是否按照作业规程要求采取加固措施<br><br>4. 利用手拉葫芦起吊设备时，手拉葫芦的安全系数是否与重物相符，各部件是否完好<br><br>5. 设备起吊用的索具、卸扣、链子、连接环、绳套子、螺栓等，使用前是否检查其完好，其吨位是否大于起吊重物的 3.5 倍<br><br>6. 设备起吊后或支架换装过程中，是否中途停止作业、人员是否脱岗<br><br>7. 利用液压支架起吊重物时，液压元件是否漏液，吊点是否牢固可靠<br><br>8. 用单体支柱进行撑、顶、推、压等工作时，单体支柱是否拴牢安全绳，是否采取防滑措施、实行远距离供液，人员是否躲至安全地点 | | | | | |

表 4-3（续）

| 序号 | 项目 | 检查内容 | 存在问题 | 治理措施 | 整改人 | 复查人 | 备注 |
|------|------|----------|----------|----------|--------|--------|------|
| 五 | 一通三防 | 1. 工作面风量、风速是否符合规程规定<br>2. 瓦斯监测是否符合作业规程规定<br>3. 工作面综合防尘是否符合作业规程规定<br>4. 油脂存放处是否按要求配备规定的消防设备 | | | | | |
| 六 | 其他 | 是否存在其他不符合规程、措施的方面 | | | | | |

跟班区队长：　　　　　　　　班组长：　　　　　　　　安检员：

易程度及现场是否具备条件等，现场制定或落实具体的、有针对性的安全措施并做好记录。对现场不能立即处置的隐患，要执行报告制度。同时，要及时告知现场施工人员，采取合理的控制措施，将隐患的影响控制在最小范围。当出现危及职工生命安全并无法排除的紧急情况时，跟班区队长或班组长应当立即组织职工撤离危险现场，并及时报告矿调度和区队值班人员。

（3）班组现场隐患排查的实施必须到位。针对班组现场排查能够整改的隐患，班组长必须落实责任人，严格执行煤矿"三大规程"，全面组织治理隐患所需的材料、设备、仪器、仪表等，努力创造良好的工作环境。针对现场不具备整改条件的隐患，除了执行报告制度外，待相关措施、方案制订或具备条件后再组织实施。

（4）班组现场隐患排查的验收、监督必须到位。班组现场隐患的最后消除，还要由当班安全质量验收员逐项、逐条进行验收、签字，以便于进行相关的考核奖惩。同时，跟班安监员也要参与隐患的排查，监督隐患治理的全过程，随时发现和改正不完善的工作措施。

### 三、隐患治理办法

#### （一）隐患治理的要求

1.《安全生产事故隐患排查治理暂行规定》相关规定

《安全生产事故隐患排查治理暂行规定》关于对隐患的治理做出了如下明确规定：对于一般事故隐患，由煤矿企业（区队、车间等）负责人或者有关人员立即组织整改；对于重大事故隐患，由煤矿企业主要负责人组织制定并实施事故隐患治理方案。重大事故隐患治理方案应当包括以下内容：

（1）治理的目标和任务。

（2）采取的方法和措施。

（3）经费和物资的落实。

（4）负责治理的机构和人员。

（5）治理的时限和要求。

（6）安全措施和应急预案。

2.《国务院关于预防煤矿生产安全事故的特别规定》相关规定

《国务院关于预防煤矿生产安全事故的特别规定》（国务院令第 446 号）关于隐患治理也作了具体规定。煤矿有下列重大安全生产隐患和行为的，应当立即停止生产，排除隐患。

（1）超能力、超强度或者超定员组织生产的。

（2）瓦斯超限作业的。

（3）煤与瓦斯突出矿井，未依照规定实施防突出措施的。

（4）高瓦斯矿井未建立瓦斯抽放系统和监控系统，或者瓦斯监控系统不能正常运行的。

（5）通风系统不完善、不可靠的。

（6）有严重水患，未采取有效措施的。

（7）超层越界开采的。

（8）有冲击地压危险，未采取有效措施的。

（9）自然发火严重，未采取有效措施的。

（10）使用明令禁止使用或者淘汰的设备、工艺的。

（11）年产 6 万吨以上的煤矿没有双回路供电系统的。

（12）新建煤矿边建设边生产，煤矿改扩建期间，在改扩建的区域生产，或者在其他区域的生产超出安全设计规定的范围和规模的。

（13）煤矿实行整体承包生产经营后，未重新取得安全生产许可证和煤炭生产许可证，从事生产的，或者承包方再次转包的，以及煤矿将井下采掘工作面和井巷维修作业进行劳务承包的。

（14）煤矿改制期间，未明确安全生产责任人和安全管理机构的，或者在完成改制后，未重新取得或者变更采矿许可证、安全生产许可证、煤炭生产许可证和营业执照的。

（15）有其他重大安全生产隐患的。

（二）隐患治理的措施

班组隐患治理作为现场最直接的实施单位，除了掌握上述法律、法规内容，严格落实相关规章、制度要求外，还要抓好以下具体措施的落实。

1. 隐患治理管理措施

（1）严格落实安全生产责任制和各项管理制度。明确正班长抓安全、副班长抓生产的机制，贯彻执行好现场联保、互保制度，指定两人以上作业地点安全负责人，加强班组内部之间的安全协调，切实做到不安全不生产，先安全后生产。

（2）建立实施现场"三位一体"安全确认开工制。作业现场每班开工前、停工前（包括临时中断作业前、复工前），由跟班区队长、安监员、班组长负责，联合对作业现场的安全环境和工程质量进行安全评估，安全环境和工程质量符合规定，具备开工、停工条件的，安全确认人员在"'三位一体'安全确认表"上同时签字后挂牌开工、停工；不具备条件的，及时采取措施达到标准规定，重新确认具备开工、停工条件，并同时签字后挂牌开工、停工。没有执行安全确认的，一律不得开工、停工。

（3）采用合适的激励方法，建立实施安全生产奖惩制度，做到奖惩明确，责任清晰。

2. 隐患治理技术措施

隐患治理是指利用技术手段消除或减少隐患造成的损失，其方法有以下几种：

（1）消除隐患是指采用符合安全人机工程学的设备，实现本质安全化。

（2）控制隐患是指采用安全阀、限速器、缓冲器等装置限制或降低隐患造成的损失。

（3）防护手段包括设备防护和人体防护。设备可采用自动跳闸、连锁、遥控等手段；人员可佩戴安全帽、防护服、护目镜等劳保用品。

（4）隔离防护是指危险性较大而又无法消除或控制时，可设置"禁人"标志、固定隔离设备及设定安全距离等方法。

（5）转移危险包括技术转移和财务转移。技术是将危险的作用方向转移至损失较小的部位和地方；财务转移可采用保险的方式转嫁风险。

3. 隐患治理岗位措施

严格落实岗位安全技术操作规程。岗位工在操作前进行上岗前安全检查，首先进行自我安全提问，自我安全思考，即考虑在作业过程中，"物"会不会发生危险，发生这些危险后，自己会不会受到伤害。万一发生事故，自己应该怎么做，如何将事故的危害程度和损失降低至最低。同时，现场生产过程中一旦出现新情况，新的隐患还会产生，明显的隐患治理了，潜在的隐患还存在，不能一劳永逸，要作为经常性的工作，持续改进，坚持不懈地抓下去。

4. 隐患治理安全文化措施

隐患治理安全文化措施主要包括以下内容：

（1）健全完善班组的隐患排查治理规章制度。

（2）定期组织班组成员参加安全知识的培训与安全应急预案的演练，增加员工的安全意识和业务技能。

（3）排查治理工作中应从细节着手，及时采纳一线工人的合理意见与建议，让好的经验经过科学加工形成制度，不好的习惯要给员工分析原因讲明利害关系，注意排查治理工作中的方式方法，要人性化管理，切忌强迫服从。

（4）按照过程控制要求，跟班区队长、班组长、安监员、隐患治理和监督人员各行其职，确保隐患从发现到消除始终处于受控状态。

**【讨论与思考】**

1. 什么叫隐患?

2. 隐患如何分类?

3. 简述安全检查表法。

## 第四节 班组现场作业风险预控

在现代社会中煤炭行业依然是高危行业,而煤矿班组则是煤矿企业的最基层组织,更是现场作业存在各类风险的多发"地带"。因此,加强班组现场作业风险预控和风险管理,提高班组岗位风险辨识能力尤为重要。

### 一、风险预控的概念

#### 1. 风险的概念

风险是指可能存在或潜在的、能直接或间接地导致或诱发事故,造成人员伤亡、职业危害、财产损失或环境破坏的各种不安全因素。在煤矿安全生产领域,风险与危险密切相关,但严格说来,危险和风险并不相同。危险只是意味着一种坏征兆的存在,而风险则不仅意味着这种坏征兆的存在,而且还意味着有发生这个坏征兆的载体和可能性。比如盲巷有瓦斯积聚,引发瓦斯事故、冒顶、片帮等危险。假如某人进入盲巷,那他就要冒受伤或死亡的风险;但是如果他不进去,虽然危险存在,但是由于没有载体,就没有风险。从这种程度上说,危险是风险发生的前提,有危险才有风险。危险是客观存在的,但是风险发生与否具有不确定性。

在煤矿安全管理中,风险一般定义为煤矿事故发生的可能性及其可能造成的损失。

为了便于全面准确地分析风险,并有针对性地加以控制,煤矿风险从不同角度可以进行如下分类:

(1) 按风险的大小可分为:特别重大风险;重大风险;中等风险;一般

风险及低风险。

（2）按照风险可能导致的煤矿事故类型可分为：瓦斯爆炸事故风险；瓦斯燃烧事故风险；煤与瓦斯突出事故风险；煤尘爆炸事故风险；顶板事故风险；透水事故风险；中毒窒息事故风险；运输提升事故风险；冲击地压事故风险；火药爆炸事故风险；爆破事故风险；机械伤人事故风险；触电事故风险及其他事故风险。

（3）按照风险来源可分为：来自人员的风险；来自机器设备的风险；来自环境的风险；来自管理的风险。

（4）按照风险产生的管理层次可分为：来自决策层的风险；来自执行层的风险；来自操作层的风险。

2. 风险预控的概念

所谓风险预控是在对作业现场基本岗位风险辨识和静态风险评价的基础上，利用相应的技术手段和管理措施控制或消除可能出现的风险，避免事故的发生，确保安全生产。

煤矿企业风险预控则是煤矿企业根据班组现场作业的基本岗位风险辨识和静态风险评价的结果，利用相应的技术手段和煤矿安全技术管理措施，将可能出现的风险控制或消除，有效防止安全事故的发生。风险预控不同于隐患消除，隐患消除是在实际出现了隐患之后对其进行控制或消除，而风险预控是对辨识出的可能会出现但尚未出现的风险进行预防性的控制或消除，将其风险程度降到最低，从而不可能出现。

## 二、岗位风险

煤矿岗位风险是指煤矿企业中存在（或潜在）的能直接（或间接）地导致（或诱发）煤矿事故发生，造成人员伤亡、职业危害、财产损失或环境破坏的各种不安全因素。

（一）煤矿企业班组基本岗位风险辨识内涵

煤矿企业班组基本岗位风险辨识是对煤矿企业各单元或各系统的工作活动

和任务中的不安全因素的识别，并根据煤矿企业本质安全风险管理的要求，分析其产生方式及其可能造成的后果。

煤矿企业班组基本岗位风险辨识是风险管理的基础，只有辨识了危险源之后，才能对其进行风险评价，进而制定合理的控制措施。这项工作全面、准确与否直接影响着后期工作的进行。

煤矿企业班组基本岗位风险辨识不同与隐患排查，隐患排查是检查已经出现的危险征兆，排查的目的是为了整改，消除隐患。而煤矿企业班组基本岗位风险辨识是为了明确所有可能产生或诱发风险的不安全因素，辨识的目的是为了对风险进行预控。

煤矿企业班组基本岗位风险辨识是一项富有创造性的工作，在工作中，不仅要辨识系统现有的风险，还要预测分析出系统潜在的、将来可能会出现的风险。

（二）煤矿基本岗位风险辨识的内容

班组基本岗位风险分布非常广泛，辨识过程必须综合考虑人员、机械、环境、管理4个方面共55个基本因素。

1. 人员的不安全因素（11个基本因素）

人员的不安全因素包括两个方面：一是人员的不安全行为；二是人员的不安全状态。

人员的不安全行为具体包括以下内容：

（1）操作不安全性（误操作、不规范操作、违章操作）。

（2）现场指挥的不安全性（指挥失误、违章指挥）。

（3）失职（不认真履行本职工作任务）。

（4）决策失误。

（5）其他不安全行为。

人员不安全状态的具体内容包括：

（1）身体状况不佳（带病工作、酒后工作、疲劳工作等）。

（2）心理异常（过度兴奋或紧张、焦虑、冒险心理等）。

（3）无上岗证。

（4）上岗证过期。

（5）技能不合格。

（6）其他不安全状态。

2. 机器、设备的不安全因素（8 个基本因素）

机器、设备的不安全因素主要包括以下内容：

（1）没有按规定配备必需的机器、设备、装置等。

（2）机器、设备、装置的选型不符合实际需求。

（3）机器、设备、装置的安装不符合规定或实际需求。

（4）机器、设备、装置维护（修）不到位。

（5）机器、设备、装置运转不正常。

（6）机器、设备、装置安全标志不齐全或不规范。

（7）机器、设备空间不满足作业条件。

（8）机器设备的其他不安全因素。

3. 环境的不安全因素（18 个基本因素）

环境的不安全因素包括两个方面：一是矿井不良或危险的自然地质条件；二是不良或危险的工作环境。矿井不良或危险的自然地质条件的不安全因素主要包括以下内容：

（1）矿区及其周边地表水和地下水域的威胁。

（2）煤层、岩层构造威胁。

（3）地热威胁。

（4）煤尘爆炸威胁。

（5）煤层自燃威胁。

（6）瓦斯突出威胁。

（7）其他自然地质威胁。

不良或危险的工作环境的不安全因素具体包括以下内容：

（1）工作地点温度、湿度、粉尘、噪声、有毒气体的浓度等超过规定。

（2）工作地点照明不足。

（3）工作地点风量（风速）不符合规定。

（4）井下巷道布局不合理，巷道质量不合格，环境脏乱。

（5）工作面布置、规格尺寸不合理。

（6）施工质量不满足要求。

（7）路面质量不合格。

（8）道路标示不齐全、不明确。

（9）供电线路布置不合理。

（10）警示标杆和导牌不齐全，放置位置不合理。

（11）其他工作环境的不安全因素。

4. 管理的不安全因素（18 个基本因素）

管理的不安全因素主要包括以下具体内容：

（1）组织结构不合理。

（2）组织机构不完备，机构职责不明晰。

（3）没有专门的风险预控管理机构。

（4）没有本质安全管理委员会。

（5）安全管理规章制度制定程序不合理、不符合实际情况。

（6）本质安全管理规章制度不完善。

（7）安全管理规章制度贯彻不到位。

（8）文件、各类记录、操作规程不齐全，管理混乱。

（9）作业规程的编制、审批不符合规定，贯彻不到位。

（10）安全措施、应急预案不完善、不合理。

（11）岗位设置不齐全、不合理。

（12）岗位职责不明确。

（13）各岗位工作人员配备不足。

（14）没有有效的本质安全文化。

（15）生产系统设计不合理或不满足要求。

（16）职工安全教育、岗位培训不到位。

（17）缺乏科学合理的工作计划。

（18）其他管理的不安全因素。

采煤班组作业中可能存在的风险见表4-4。

表4-4　采煤班组作业存在的风险

| 序　号 | 工　序 | 存　在　风　险 |
|---|---|---|
| 一 | 集体入井工作岗位 | 1. 路上滑倒、绊倒受伤<br>2. 顶板掉矸伤人<br>3. 机车、矿车撞人、挤人 |
| 二 | 接班开工前安全确认 | 1. 顶板掉矸、片帮伤人<br>2. 滑倒、绊倒伤人<br>3. 设备开动伤人 |
| 三 | 巡回检查 | 1. 顶板掉矸、片帮伤人<br>2. 滑倒、绊倒伤人<br>3. 运转设备伤人 |
| 四 | 交班 | 1. 顶板掉矸、片帮伤人<br>2. 滑倒、绊倒伤人 |
| 五 | 集体升井 | 1. 路上滑倒、绊倒受伤<br>2. 顶板掉矸伤人<br>3. 机车、矿车撞人、挤人 |

### 三、控制措施

煤矿企业班组存在的基本岗位风险复杂多样，仅靠一种方法难以完全辨识，在煤矿企业班组基本岗位风险辨识过程中，需要根据不同的辨识目的和辨识对象综合运用多种辨识方法。综合比较各类风险辨识的方法，比较适用于煤矿企业的风险辨识方法有工作任务分析法和事故致因机理分析法。这两种方法出发点和侧重点不同，但各有所长，且可以相互补充。工作任务分析法是一种自上而下进行煤矿风险的辨识的方法，可以较全面的找出煤矿企业存在及潜在的各类风险；而事故致因机理分析法是一种自下而上进行风险的辨识的方法，它是根据系统可能发生的或已发生的事故结果，去寻找与事故有关的原因、条件和规律，通过这样一个过程分析可辨识出系统中导致事故的有关风险。建议企业同时使用这两种方法进行班组基本岗位风险的辨识。

(一) 工作任务分析法

1. 具体操作

以清单的形式列出本岗位所有的业务活动、活动场所及每项业务活动具体的实施步骤，对照相关的规程、条例、标准，结合实际工作经验，综合考虑人、机、环、管 4 个方面可能出现的不安全因素，分析工作中存在或潜在的基本岗位风险。基本岗位风险的辨识需要靠工作人员根据自己的从业经验和以往发生的事故结果来分析最坏的条件下可能会出现哪些风险，工作人员可对照规程、规定、条例、标准等来逐条进行假设性分析，假设在违反规程、作业标准的情况下会有什么后果。

2. 适用范围

辨识煤矿企业在现有工作条件下各层次所有工作人员的工作任务中存在及潜在的风险；出现新任务时预先分析工作任务中可能存在的风险；工作条件或工艺水平等发生变化时分析新工作条件下或采用新工艺时工作任务可能存在的风险。

3. 基本要求

事先准备好相关的岗位职责、作业标准、作业规程，历年事故分析资料等；辨识人员必须熟悉相应的岗位职责、作业标准、作业规程，且有丰富的从事此岗位工作的工作经验。

4. 注意事项

要列出本职岗位中所有的业务活动；在风险后果的描述中需要指明可能导致或引发的具体事故名称；需要指明各风险是由于人员、机器、环境、管理中各方面不安全因素引起的。

工作任务分析法的优点是简便、详尽、易掌握，缺点是易受工作人员的主观因素影响。

表4-5为某矿工作任务分析法风险辨识结果。

**表4-5  工作任务分析法风险辨识结果表**

| 工作任务 | 任务描述 | 存在风险及其后果描述 | 安全管理系统 | | | |
|---|---|---|---|---|---|---|
| | | | 人 | 机 | 环 | 管 |
| 煤机开机前准备工作 | 1. 检查瓦斯 | 瓦斯超限，引发瓦斯事故，使人窒息 | | | ● | |
| | | 违反作业规程，不检查瓦斯直接开机，瓦斯聚积，遇到火源，引发瓦斯事故 | ● | | | |
| | 2. 敲帮问顶 | 顶板冒落伤人，设备损坏，煤尘和小块煤或小岩石能进入眼睛，小块煤碰手或碰着周围的人 | | | ● | |
| | | 违反作业规程，不敲帮问顶直接开始工作，顶板冒落伤人或损坏机器 | ● | | | |
| | 3. 检查风筒距离及通风情况 | 没有及时清理粉尘，粉尘超标引起职业病 | ● | | ● | |
| | | 瓦斯聚积，遇到火源，引发瓦斯事故 | | | ● | |
| | 4. 检查安全保护和警示装置（声光、设备防护、警示、警标、栅栏等） | 违反规定，未设置安全保护或警示装置，造成人员误入危险区，造成其他事故 | | | | ● |
| | | 违反规定，不检查安全保护和警示装置，间接影响其他事故的发生 | ● | | | |
| | 5. 检查工程质量（顶、底板、巷帮、支护情况） | 顶板冒落伤人 | | | ● | |
| | 6. 检查连采机及配套设备、电缆等情况 | 顶板冒落伤人，或使设备损坏或设备伤人 | | | ● | |

（二）事故致因机理分析法

1. 具体操作

根据煤矿企业生产系统中可能发生的或已发生的事故，寻找与事故有关的原因、条件和规律。通过这样一个过程分析可辨识出生产系统中导致事故的有关因素。

**2. 适用范围**

分析生产系统中各类事故产生的原因。该方法的优点是针对性强，缺点是不能全面地分析煤矿企业所有风险。

**（三）煤矿班组基本岗位风险辨识的工作流程**

煤矿班组基本岗位风险辨识的工作流程如图 4-1 所示，具体步骤如下：

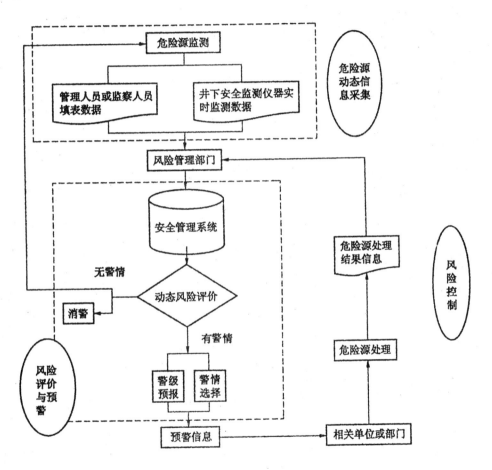

图 4-1　风险预警与控制工作流程图

（1）必须建立风险预控体系，制定各项风险预控考核办法，保证班组成员能熟记本岗位所存在的风险、操作程序和操作标准。

（2）班组基本岗位风险辨识工作的总体指导方案须明确基本岗位风险辨识范围、辨识单元、辨识方法、辨识标准、辨识人员等。

（3）对班组成员风险辨识进行培训，使其掌握煤矿班组基本岗位风险辨识的方法和标准，否则不得安排工作。

（4）组织全体人员全面展开煤矿班组基本岗位风险辨识工作。

（5）班组基本岗位风险辨识资料整理、分类、汇总、复审、归档。

（6）建立企业班组基本岗位风险信息管理系统。

### 四、风险预控

1. 风险预控管理的特点

煤矿企业安全风险管理不同于一般企业的风险管理，也不同于现行的煤矿安全检查管理方法和安全隐患排查管理方法，煤矿企业安全风险管理具有鲜明的特点：

（1）以预控为核心。煤矿企业本质安全风险管理的核心是预控，即在对煤矿所有可能出现的危险源全面、准确辨识的基础上，制定合理的风险预控措施，从"源头"上防范风险的出现。

（2）全方位管理。煤矿企业本质安全风险管理是一个系统的、综合的管理过程，它要对煤矿企业各层次、各系统、各环节所有可能存在的不安全因素进行管理，即要做到"横到边"。

（3）全过程管理。煤矿企业本质安全风险管理贯穿煤矿企业整个生命周期，从煤矿的设计、建设、生产到报废，在每个阶段的每个工作环节都要实施风险管理，即要做到"纵到底"。

（4）螺旋上升管理。煤矿企业本质安全风险管理也是一个螺旋上升的管理过程，该管理过程起始于对危险源的识别，即根据危险源的类别及其管理标准对其进行风险评价，然后依据对应的管理措施制定具体的纠偏、处理及控制措施，进而对风险控制或实施处理进行动态监控，对监控中发现的问题及时予以纠正，最后还要对风险控制或处理效果进行评估，从而为下一阶段的安全管理循环提供经验累积。整个风险管理是在不断循环改进的过程中动态进行的。

（5）双保险、闭环式管理。煤矿企业本质安全风险管理是一套双保险、闭环式的管理系统。在这个系统中，对每个可能出现风险的危险源，都实施双重闭环管理，即在充分认识危险源演变为风险的规律基础上，事先对其进行合理地控制，预防风险的出现，接着要对这些已知的危险源进行持续地监测，同时辨识可能出现新的危险源，在预控失效或出现新的危险源时，风险管理系统能及时作出反应，对其进行评价、预警，并加以控制或消除，遏制其演变为事故，造成损失。

2. 风险预控管理的方法

风险预控管理的具体方法很多，可以归纳为技术手段和管理措施两种方法：

（1）技术手段。采用先进的技术方法、使用可靠性能高的技术装备等技术手段是控制本质型危险源的最重要的方法。

（2）管理措施。制定科学合理的管理措施是控制班组基本岗位风险的重要前提。

安全风险管理的理想目标是实现煤矿生产的本质安全化，即控制班组基本岗位风险，将风险降到最低，最终达到杜绝责任事故，减少非责任事故的目的。

安全风险预警与控制的工作与风险的监测、动态风险评价工作密不可分。具体实施中，首先进行风险动态信息的采集，信息传递到风险管理部门，由风险管理部门的工作人员将填表得来的信息输入信息管理系统；系统进而对这些信息进行动态风险评价，根据评价结果可得出风险的大小，并以此得出风险的预警等级。如果无警情，则继续常规的风险动态监测；如果有警情，则警报系统会通过计算机网络发出预警警报，并给出相应的警情解释，同时向相应的管理部门发出预警信息。管理部门根据预警信息制定相应的处理措施，由具体的实施单位根据上级部门的指示来进行危险源的控制与消除，此过程也必须进行动态监测，及时反馈监测信息，直至危险源得到控制或消除为止。

【讨论与思考】

　　1. 什么是煤矿风险？如何分类？

　　2. 煤矿风险预控管理的特点有哪些？

# 第五节　"三违"及其防治

## 一、"三违"定义及其表现

（一）"三违"的定义

"三违"是"违章指挥，违章作业，违反劳动纪律"的简称。

1. 违章作业

"违章作业"是指在生产、施工过程中，凡违反国家、行业主管部门制订的有关安全的法规、规程、条例、指令、规定、办法、有关文件，以及违反本单位制订的现场规程、管理制度、规定、办法、指令而进行工作的行为。

习惯性违章作业是指违反安全操作规程、按照不良的工作习惯、随心所欲地进行施工。有些人认为，"只要不出问题无论采用什么样的施工方法都行"，这说明确实有人自觉不自觉地用自己的习惯工作方法，取代了安全工作规程中的有关规定，对正确的作业方式反而感到不习惯。

2. 违章指挥

"违章指挥"是指管理者安排或指挥职工违反国家有关安全的法律、法规、规章制度、企业安全管理制度或操作规程进行作业的行为。顾名思义，就是不按照国家法律、法规及相关技术标准、安全技术规范和本岗位操作规程要求进行指挥作业。

习惯性违章指挥是指工作负责人或有关部门的管理者在不太了解施工现场的情况下，追求经济效益思想严重，没有充分地认识安全生产的重要性，违反安全操作规程要求，按照自己的意志或仅凭想象进行指挥。

3. 违反劳动纪律

"违反劳动纪律"是指劳动者在劳动中不遵守企业劳动规则和劳动秩序的行为。劳动纪律是用人单位为形成和维持生产经营秩序，保证劳动合同得以履行，要求全体员工在集体劳动、工作、生产过程中，以及与劳动、工作紧密相关的其他过程中必须共同遵守的规则。

习惯性违反劳动纪律是指工作人员长期置劳动纪律而不顾，逐渐形成的懒惰、违规、骄横等不良行为，如不服从管理，经常迟到、缺勤、斗殴、干私活、班中睡觉、完不成工作任务等。

（二）习惯性"三违"的特点

1. 顽固性

习惯性"三违"是受一定的心理支配而形成的一种习惯性动作方式，因而它具有顽固性、多发性的特点。如煤矿职工"三个严禁、三个必须"等安全条款震耳欲聋，但仍有极少人员有令不行、有禁不止，我行我素，班前喝酒，穿化纤衣服下井，片面认为"多少年都这样干过来了，也未见出什么问题"，一旦出了事故只怪运气不好。事实证明纠正一种具体的违章行为比较容易，消除受心理支配的不良习惯并非易事，需要经过长期的努力，才能逐步纠正。

2. 继承性

有些职工的习惯性"三违"并不是自己发明的，而是师徒代代相传，当他们看到一些老师傅违章作业既省力，又未出现事故，也就盲目效仿，把这些不良的违章作业习惯传给了下一代，从而导致某些"三违"作业的不良习惯一脉相承，代代相传。

3. 排他性

有习惯性"三违"的人员固守不良的传统做法，总认为自己的习惯性工作方式"管用"、"省力"，而不愿意接受新的工艺和操作方式，即使是被动参加过培训，但还是"旧习不改"。

（三）"三违"主要心理因素

违章不一定出事，但出事必然违章。根据对全国每年上百万起事故原因进行的分析证明，95%以上是由于违章，特别是习惯性违章而导致的。违章是发生事故的原因，事故是违章导致的后果。

"三违"现象难以杜绝，其主要心理因素表现为：

（1）侥幸取胜心理。部分职工在若干次违章没有发生事故后，慢慢滋生了侥幸心理，混淆了违章发生事故的偶然性和必然性。

（2）求快省事心理。人们嫌麻烦，图省事，降成本，总想以最小的代价取得最好的效果，甚至压缩到极限，降低了系统的可靠性，尤其是在生产任务紧迫和眼前既得利益的诱因下，极易产生这种心理。

（3）自我表现心理。有的人自以为技术好，有经验，马虎、凑合、不在乎，虽能预见危险因素，但是轻信能够避免，用冒险逞能手段来表现自己的技能。有的新工人技术差，经验少，急于表现自己，以自己或他人的痛苦践踏安全制度，用鲜血和生命换取自我表现。

（4）盲目从众心理。别人做了没事，我也"福大、命大、造化大"，肯定更没事。尤其是一个安全秩序不好，管理混乱的场所，这种心理像瘟疫一样，严重威胁企业的安全生产。

（5）逆反报复心理。在人与人之间关系紧张的时候，人们常常产生这种心理。对同事的善意提醒不当回事，对领导的严格要求阳奉阴违，置安全规章于不顾，以致酿成事故。

（6）麻痹大意心理。只考虑正常的、顺利的情况，忽视了不正常的危险因素，对可能导致的危险估计不足或根本未有察觉，因而造成险情或事故。如临时用电不用正规的连接方法，而直接将线头插进插座，结果造成线路直接接地、短路或人员触电。

（7）自以为是心理。争强好胜，盲目蛮干，不顾后果，有的对自己工作范围内的设备构造和性能并不熟悉，也缺乏足够的实践经验，但却自以为是，对自己过分自信，根本不把安全操作规程或他人提出的建议放在眼里，从而在设备发生异常情况时，判断或操作错误，造成事故或扩大事故。

（四）"三违"的主要表现形式及成因

"三违"主要表现在"三大薄弱人物"、"三大薄弱工种"、"三大薄弱季节"、"三大薄弱环节"上。

1. 三大薄弱人物

（1）新工人。这部分人员死亡事故约占总事故的1/3以上。他们安全技术知识薄弱，好奇、好动、好强、好胜，"初生的牛犊不怕虎"，容易因违章造成事故。如：某矿一名新工人在一条斜巷道口执行运输矿车任务，他发现顶盘有一钩矿车吊在上方，在没有检查上下山人员、物料及其他障碍物的情况下，就打信号松车，造成在另一巷道口维修轨道的老工人当场死亡。

（2）班组长。这部分人员约占死亡事故总数的1/4以上。班组长是生产现场的第一指挥者，他们出勤正常，任劳任怨，"老黄牛两腿永远插在墒沟里"，由于长期得不到安全培训，重生产、轻安全，重数量、轻质量，重结果、轻过程，工作现场既当指挥员，又当战斗员，往往会造成"艺高人胆大"和"小车不倒只管推"等不良现象。如：某矿采煤区队一名班长，因现场缺少备用支护材料，就安排工友到采空区回收旧料，但工友普遍认为有危险，拒绝执行。在工友制止无效的情况下，这名班长只身进入大面积采空区回收旧料，当回收至第四块木料时，顶板大面积冒落，该班长被埋在下面，经抢救无效死亡。

（3）转岗工人。这部分人员约占死亡事故总数的1/5以上。这部分工人由于思想的压力，半路出家，学艺不精，遇到危险情况束手无策，也是安全生产的一大薄弱人物。

2. 三大薄弱工种

据某矿初步调查，三大薄弱工种依次为采煤工、掘进工、巷修工。

（1）采煤工。这部分人员约占死亡事故总数的1/3左右。采煤工工作场所窄狭，特别是薄煤层炮采矿井，制约条件较多，他们劳动强度大、工作时间长、体力消耗多，特别是在生产任务繁重时，更容易出现事故。

（2）掘进工。这部分人员约占死亡事故总数的1/4左右。相对采煤工而言，掘进工工作现场空间较大，发生事故的概率较采煤工少。但他们往往会受装备水平、运输环节、局部通风、车皮供应等方面的影响，而导致出现事故。

（3）巷修工。这部分人员约占死亡事故总数的 1/6 左右。工作人员及地点相对分散，处理危险工作较多，监督检查相对薄弱等因素是巷修工事故多发的主要原因之一。

3. 三大薄弱季节

据某矿初步调查，三大薄弱季节依次为逢年过节季节、高温多雨季节、麦秋农忙季节。

（1）逢年过节季节。即每年的 12 月至次年的 3 月份，这一季节所出现的死亡事故约占总事故的 40% 左右。究其原因，年末岁初突击生产，向节日献厚礼影响安全；干部职工会议多、检查多、应酬多，影响抓安全的精力；管理人员、安监人员节日期间，对"三违"现象睁只眼、闭只眼。

（2）高温多雨季节。即每年的 6 月至 8 月份，这一季节所出现的死亡事故约占总事故的 15% 左右。这一季节的特点是：空气湿度加大，井下雾气加大，能见度较低，道路泥泞，顶板变脆；职工休息受到影响，情绪、智力、体力下降；因条件的变化，往往生产下滑，干部职工心情急躁等原因造成事故多发。

（3）麦秋农忙季节，即每年的 6 月份和 10 月份，这一季节所出现的死亡事故约占总事故的 20% 左右。事故成因主要为：采掘工人农村出身者居多，工作农忙双兼顾，"人在曹营心在汉"，职工来回赶、连轴转，体力消耗过大，从而影响矿井安全。

4. 三大薄弱环节

据某矿初步调查，三大薄弱环节依次为顶板、运输、爆破。

（1）顶板。在一般低瓦斯矿井，顶板事故为最多发的事故，所出现的死亡事故约占总事故的 40% 左右。这与矿井地质条件、煤层厚度、支护设备和材料都有着密切的关系。如某矿在建矿初期，采煤工作面金属摩擦支柱、木支柱混用，抗压不均衡，金属摩擦支柱没有使用升柱器，工作面支柱一碰就倒，顶板事故此起彼伏。在使用了单体液压支柱、掩护式小支架后，顶板得到了有效控制，基本杜绝了顶板事故。

（2）运输。既包括大巷运输，也包括采区小绞车运输、工作面刮板输送机运输，所出现的死亡事故约占总事故的 25% 左右。这主要与运输设备落后、运输距离较长、运输环节较多、运输场所低矮、狭窄等状况密不可分。如某矿一名入矿只有一天的新工人，违章爬越运行的工作面刮板输送机时，被运行的大块煤挤伤后死亡。

（3）爆破。特别是在炮采炮掘矿井，因爆破造成的死亡事故约占总事故的 10% 左右。所有爆破事故均是人为造成，这主要与职工技术熟练程度、遵章作业意识有关。如某矿掘进区队一名班长违章指挥，安排爆破工提前拉线，亲自连接爆破母线，违反了"三人连锁爆破"的规定，并采取约时爆破，导致一人死亡一人重伤的事故，教训十分深刻。再如某矿爆破工在执行处理拒爆时，新打炮眼与原炮眼交叉，引爆拒爆的炸药，违反了"在距旧炮眼 0.3m 处另打一个平行新炮眼"的规定，造成一人死亡、一人重伤、一人轻伤的惨痛事故。

### 二、"三违"现象的防治

"三违"并非不可治，事故绝非不可免。要最大限度地制止或杜绝"三违"，就要从人的不安全行为、物的不安全状态、环境的不安全因素 3 个方面综合全面治理。

（一）人的不安全行为

人的不安全行为可分为"十种人"、"十种思想"、"十种习惯"、"十种表现"。

1. 不安全行为"十种人"

（1）对知识薄弱的新工人，采取强化培训，师傅带徒弟。

（2）对盲目蛮干的粗鲁人，采取结对帮教，安排一些简单劳动。

（3）对新婚前后的幸福人，采取人性化管理，适当放宽休假时间。

（4）对贪图省劲的懒惰人，采取重点帮教，分清危害，尽量安排人员较多的场所劳动。

（5）对探亲归来的疲劳人，采取适当休息，循序渐进的安排由轻到重的劳动。

（6）对受到处分的情绪人，采取因势利导，循循善诱，帮助其解开思想疙瘩。

（7）对转岗调工的生疏人，可按照新工人对待，开展"手指口述"是培训方法。

（8）对艺高胆大的"大胆"人，采取事故案例警示教育，消除其莽撞意识。

（9）对农忙期间的忙碌人，可按照探亲归来的疲劳人的方法解决。

（10）对即将离岗的糊弄人，要对其进行"干一辈子煤矿，搞一辈子质量标准化，保一辈子安全"的教育，使其消除"当一天和尚撞一天钟"的模糊意识。

2. 不安全行为"十种思想"

（1）晋级受奖骄傲自满思想，可对其适当"降温"，使其保持冷静头脑，防止"红得发紫"。

（2）落选处分灰心丧气思想，可对其鼓劲加油，使其明确前进方向，防止萎靡不振。

（3）违章被罚破罐破摔思想，可对其进行明是非、论危害教育，使其杜绝类似行为再次发生。

（4）生活遇挫悲观厌世思想，要关心关爱职工生活，发动大家的力量，伸出温暖之手，帮助渡过难关。

（5）盲目生产急功近利思想，对这部分人员主要开展好算安全与生产、效益、家庭幸福等"五笔账"，走出利益驱动、金钱至上误区。

（6）家庭困难畏难发愁思想，方法可与生活遇挫悲观厌世相同。

（7）干群不合怨天尤人思想，可以经常召开民主生活和组织生活会议，开展批评与自我批评，消除戒备和疑虑。

（8）加班延点贪图省劲思想，可参照盲目生产急功近利思想的处理方法。

（9）达标合格松懈麻痹思想，可对职工进行"质量无止境、安全无小事"的教育，时刻保持动态达标，确保万无一失。

（10）取得成绩盲目乐观思想，解决方法可与达标合格松懈麻痹思想相同。

3. 不安全行为"十种习惯"

（1）安排安全工作大而化之，区队班前会安排具体任务多，安全事项少，仅仅一句"注意安全"了事。整改方法是安排安全事项时，要有人员、有地点、有时间、有隐患、有措施、有检查。

（2）参加安全培训敷衍了事，个别职工对安全培训重视不够，认为自己安全知识已经饱和，即使勉强参加培训也是心不在焉。整改方法是加强学习纪律和严格结业考试考核，奖优罚劣。

（3）传达安全文件蜻蜓点水，区队值班人员对安全文件的传达不是重点突出，而是只言片语，应付公事。整改方法是矿井调度值班人员积极开展安全活动，监督学习内容和效果。

（4）参加安全会议分散精力，少数基层管理人员参加安全会议时磕头打盹，阅读无关杂志，对会议贯彻内容一无所知。整改方法是建立健全会议签到、提问、考核制度，防止形式主义。

（5）分析事故原因时弄虚作假。为避免经济处罚和责任追究，对出现的事故遮遮掩掩，不讲真话、实话，不查明事故真相，为今后同类事故再次发生埋下了隐患。整改方法是按照"四不放过"原则，做到"打破砂缸纹（问）到底"。

（6）整改质量隐患推诿扯皮，单位与单位、班与班、个人与个人对质量隐患互相推脱责任，造成整改不及时、不彻底。整改措施是划清责任区段、人员，实行质量包保。

（7）组织安全检查通风报信，有的岗位员工为"互保"工友，发现安全监察人员时主动通风报信，检查人员看不到工作地点动态真相。整改方法是对通信工具实行监控，对违章人员给予重罚。

（8）发现安全问题视而不见，为躲避责任，有的职工对安全问题熟视无睹，得过且过，不能及时处理。整改方法与整改质量隐患相同。

（9）检修机电设备贪图省事，有的职工检修电气设备时，图省事、怕麻烦、凭经验，不按规程办事，送电时约时送电，造成触电事故。**整改方法是严格停送电票、牌、锁管理制度，设专人监护停电、验点、放电、挂接地线。**

（10）安全情况好转骄傲自满，安全周期一旦延长，职工或多或少的会产生骄傲自满心理，管理监督有所放松，造成乐极生悲。整改方法是时刻教育职工对安全工作始终保持"战战兢兢、如履薄冰"心态，把过去的事当今天的事，把别人的事当自己的事，把小事永远当大事对待。

4. 不安全行为"十种表现"

（1）综合防尘掩耳盗铃，有的职工自作聪明，综合防尘设施时停时用，个人防护用品佩带不正常。整改措施是加强防尘重要性、必要性教育，重罚违章人员。

（2）爆破拉线自欺欺人，有的职工对领导在与不在不一样，缩短爆破拉线距离。整改措施是实行班组长、安监员、爆破工"三位一体"的"三人连锁"制度。

（3）斜巷运输马虎凑合，有的职工对斜巷安全设施甩掉不用，"四超"车辆特殊措施落实较差，容易出现跑车、翻车、掉辙事故。整改方法是加强教育和监督。

（4）停电作业满不在乎，有的职工对停电作业马虎凑合以致造成事故。整改方法是加强监督与管理。

（5）处理顶板得过且过，对顶板的危害程度认识不够，支护质量吊儿郎当，久而久之必然受到规律的惩罚。整改措施是严格按规程要求施工，杜绝卸载、歪斜、缺柱现象。

（6）集体违章攻守同盟，这是安全生产的头号大敌。整改措施是专职安监员单头独面专盯，安全纠察队经常巡视，安全监察处分析事故"四不放过"。

（7）有禁不止我行我素，有的人自由主义严重，个人主义盛行。整改措施是加大教育培训力度，对重点人物采取"单兵教练"、"开小灶"。

（8）有令不行自定对策，有的职工"上有政策，下有对策"，当面一套，背后一套。整改措施是严格制度落实，打击歪风邪气，"不换思想就换人"，使之政令畅通，消除"肠梗阻"。

（9）利益驱动金钱至上，有的职工认为工作就是出力挣钱，拜金主义、利己主义严重。整改措施是制定切实可行制度，防止基层区队保勤加分、多循环加分。

（10）动态作业忽视质量，有的单位及职工重视静态质量，忽视动态标准，给管理人员、安监人员"捉迷藏"。整改措施是加强动态作业检查，防止弄虚作假现象发生。

（二）物的不安全状态

物的不安全状态，主要表现为：

（1）制动失灵的绞车。

（2）超宽脱茬的轨道。

（3）漏液卸载的支柱。

（4）断丝锈蚀的钢绳。

（5）装置不全的机车。

（6）铺设不平的溜子（刮板输送机）。

（7）漏电失爆的电气。

（8）跳闸停风的局扇（局部通风机）。

（9）监控不灵的装备。

（10）过期失效的器具等。

对这些"物的不安全状态"，要通过大搞矿井"两型三化"建设，精雕细刻质量标准化，使职工做到"四知、四勤、四会"，即知设备性能，知完好标准，知操作技能，知故障排除方法；勤检查、勤维护、勤维修、勤更换；会检查、会操作、会完好标准，会处理故障。

（三）环境的不安全因素

环境的不安全因素，主要表现为：

（1）溜前支护薄弱处。

（2）顶板特殊构造处。

（3）端头支护忽视处。

（4）掘进贯通透点处。

（5）放炮拉线不够处。

（6）通风不良盲巷处。

（7）斜巷运输大意处。

（8）巷修处理冒顶处。

（9）平行作业交叉处。

（10）零星岗点施工处等。

对环境的不安全因素，主要采取隐患排查治理，风险预测、预控，定时间、定地点、定人员、定检查、定奖罚措施的落实兑现。

另外，还存在着较多的不安全时间，主要包括：①各班下班交接时间；②职工劳累延点时间；③农忙工作矛盾时间；④节假轮休出勤时间；⑤高温多雨特殊时间；⑥紧班、倒班不适时间；⑦夜班休息不足时间；⑧班子调整磨合时间；⑨双休监察空挡时间；⑩场所变换生疏时间等。对于诸多不安全时间，主要采取研究人体生物节律与人性化管理相结合的方法，突出以人为本，正确处理安全与生产两者之间的利害关系，适当安排劳动工作任务，防止人和物的"带病工作"和超负荷运转。

（四）应树立的理念和坚持的原则

班组长预防"三违"应树立的几种理念和坚持的原则主要包括：

（1）牢固树立"三可"理念，即事故可防，灾害可治，风险可控。

（2）树立安全"二个最大"的观念，即安全生产是领导干部最大的政治，企业最大的效益，职工最大的福利。

（3）坚持"三严"管理，即严干部、严小事、严过程，以领导干部的实际行动影响和带动职工，从自身做起，从小事抓起，过程管理严起。

（4）狠反"三违"，即反对违章指挥，把安全生产当作领导干部的"乌纱帽"；反对违章作业，把安全生产当做工人的"铁饭碗"；反对违反劳动纪律，把安全生产当作干部职工的"紧箍咒"。

（5）杜绝"三惯"、"三乎"，即杜绝干惯了、看惯了、习惯了，反对经验主义；杜绝马虎、凑合、不在乎，杜绝侥幸心理。

（6）坚持"三个并重原则"，即管理、装备、培训并重原则，所谓"管理"就是通过行政的、经济的、制度的管理方法，理顺职工思想；所谓"装备"就是加大安全投入，改善装备水平，保证本质安全；所谓"培训"就是通过各级、各类的教育培训形式和方法，解决职工的安全意识，规范操作行为。

（7）做到"三治"，即法治、技治、人治。法治就是有法可依，有法必依，执法必严，违法必究；技治就是改善工艺水平，实行业务保安；人治就是党政工团齐抓共管，形成围剿"三违"的强势。

（8）发扬"三铁"精神，即安全管理做到"铁心肠、铁面孔、铁手腕"。所谓铁心肠就是"宁听骂声，不听哭声"，依法治矿，以严治矿；所谓铁面孔就是刚直不阿，学习"黑脸包公"；所谓铁手腕就是刚性管理，对"三违"现象绝不心慈手软和姑息迁就，对严重"三违"杀一儆百，从而起到处分一个、教育一片的作用。

（9）做到"三不伤害"，即不伤害自己、不伤害他人、不被他人伤害。不伤害自己就是职工本人搞好自主保安，这是安全生产的根本所在；不伤害他人就是互保联保，业务保安；不被他人伤害就是要求职工远离危险，确保平安。

（10）安全监察的"三不定"，即安全监督监察不定时间、不定路线、不定地点。不定时间就是 24 小时调度、指挥、检查安全生产，防止出现空档；

不定路线就是临时确定行动路线，声东击西，保证监督检查的质量；不定地点就是开展"拉网式"检查，全面覆盖，消除死角，不到所谓的"亮点"反复参观。

## 【讨论与思考】

1. 什么叫"三违"？"三违"的心理因素有哪些表现？

2. 请列举出煤矿不安全行为有哪些薄弱人物、时间、地点、设备？

3. 煤矿安全应坚持的"三可"理念、"三个并重原则"、"三铁"精神、安全监察的"三不定"分别是指什么？

## 第六节　灾害预兆及事故应急处置

煤矿开采由于受现场地质条件所限，生产过程中存在各种各样的自然灾害，影响着职工生命健康和安全生产，掌握各种灾害的发生机理，发生前的预兆及事故发生后的应急处置方法，对于避免或减少事故的发生以及事故发生后迅速采取正确的处置方法减少人员伤亡，具有重大意义。

### 一、顶板事故预兆及事故应急处置

顶板事故的发生是由于顶板岩层强度在一定的支撑条件下超过其极限值所致。在实践中可以把顶板的破坏分为两个过程，一个是岩层内裂缝扩展和高层的断裂过程，另一个是断裂后冒落过程。

（一）冒顶的预兆

在正常情况下，顶板冒落事先都有预兆。预兆有下面几种：

（1）响声。岩层下沉断裂、木支架劈裂、金属摩擦支柱的活柱下缩，单体液压支柱安全阀开启等，有时也能听到采空区顶板发生断裂的闷雷声。

（2）掉渣。顶板严重破裂时，折梁断柱就要增加，随着就出现顶板掉渣现象。掉渣越多，说明顶板压力越大。在人工假顶下，掉下碎矸石和煤渣更多，工人叫"煤雨"，这就是发生冒顶的危险信号。

（3）片帮。冒顶前煤壁所受压力增加，变得松软，片帮煤比平时多。

（4）裂缝。顶板的裂缝由于采空区顶板运动，引起工作面顶板下沉，在下沉速度不一致时，产生裂缝。

（5）脱层。顶板快要冒落的时候，往往出现脱层现象。检查脱层要用"问顶"的方法，如果声音清脆，表明顶板完好；顶板发出"空空"的响声，说明上下岩层之间已经脱落。

（6）漏顶。破碎的伪顶或直接顶，在大面积冒顶以前，有时因为背顶不严和支架架设不牢出现漏顶现象，漏顶如不及时处理，会出现支架支而无力、扩大顶板失控面积，诱发大型冒顶事故。

（二）采煤工作面发生冒顶时的处理

（1）如果冒顶范围不大，且发生在煤壁侧，可采用掏梁窝、探下板梁或支悬臂梁的方法处理。首先要观察顶板动静，加固冒顶附近的支架，再掏梁窝，探大板和挂梁。棚梁顶上的空隙要刹严或架小木垛接顶。然后清除浮煤、浮矸，打好贴帮柱。

（2）如局部冒顶沿倾斜超过 10m，就要从冒顶区上下两头向中间处理。先检查冒顶地带的顶板是否已稳定，并加固冒顶区上下部分支架，准备好材料，把人员的安全退路清理好，设专人监视顶板。属于伪顶冒落的要求用探大板梁处理，棚顶插严背实，属于直接顶沿煤帮冒落，而且冒落矸石沿煤帮继续下流的要采用撞楔法通过，也就是在加固没冒顶区的支架后，将一头削尖的小直径圆木或钢钎垂直放在棚架上，尖头朝前，尾部与顶板间垫一木块，然后用大锤打进冒顶区，把破碎岩块托住，随后在撞楔下架好支架。

（3）如金属网假顶下发生小范围冒顶，则扒出碎矸铺上顶网，重新架棚即可安全通过。如果冒顶沿倾斜超过 5m，必须把支架改成一梁三柱，梁的一端插入煤壁、再铺网刹顶或垂直工作面架双腿套棚用撞楔法通过。如果冒顶范围较大，可沿煤壁重新掘进切眼绕过冒顶区。

（4）发生冒顶堵、埋人时，遇险人员要躲入安全地点，加强此处的支护，并不断敲击岩帮、溜槽、钢轨或管子等物，给救护人员发出信号。同时，打开压风管，用压缩空气维持呼吸，等待营救。营救被埋人员时，可直接扒矸疏通，或开掘小巷道到达堵埋地点。营救时，首先要询问知情人，弄清堵、埋地点；其次要组织人员紧急轮流扒矸；再次是遇有大块时，要用镐刨或搬移，不准爆破；最后是准备好担架和急救物品，进行现场急救。如果顶板有二次冒落危险，应先架设临时支架，防止二次冒顶加重险情。抢救中可利用风管、水管、开掘小巷、打钻孔等办法向遇险人员输送新鲜空气、饮料和食物等。

（三）巷道发生冒顶时的处理

1. 巷道发生局部冒顶事故的处理方法

（1）先加固好冒落区前后的完好支架。使用棚子支护的，应根据围岩压力大小加密棚距，把棚子扶正扶稳。棚子之间要安设好拉杆等，使支架形成一个联合体，棚子顶帮要背严刹实。

（2）及时封顶，控制冒顶范围的扩大。一般是采用架设木垛的方法处理。人员站在安全地点，用长杆将冒落的顶部活石捣掉，在没有冒落危险的情况下，抓紧时间架好支架，排好护顶木垛，一直到冒顶最高点将顶托住。

（3）岩石巷道采用锚喷支护处理冒顶区。具备锚喷支护条件时，应优先考虑采用锚喷支护处理冒顶区：①首先将冒落区的顶、帮活石捣掉，喷射人员站在安全一侧向冒顶区喷射一层 30～50mm 厚的混凝土层，先封固顶板，然后再封两帮；②初喷的混凝土凝固后再打锚杆，并挂网复喷；③冒顶处理完毕，按要求架设金属支架，背严帮顶，四周可充填一层矸石，支架间安设拉杆，使棚子之间联成整体，提高稳定性。

2. 冒顶范围较大时的处理方法

（1）小断面快速修复法。冒顶范围大，发生影响通风或有人被堵在里面等情况时，可用此法。即先架设比原来巷道规格小得多的临时支架，使巷道能暂时恢复使用，等清理完煤矸后再架设永久支架。

对冒顶部分的处理是：采用撞楔法把冒落矸石控制住。等顶板不再冒落时，从巷道两侧清除矸石，且边清除边管理两帮，防止煤矸流入巷道。顶帮维护好以后，就可以架设永久支架。

（2）一次成巷修复法。冒顶范围大的次要巷道和修复时间长短对生产影响不大时适用此法。修复时，可根据原有巷道规格，采用撞楔法一次成巷。撞楔间用木板插严，支架两帮也应背严。撞楔以上必须有较厚的矸石层，如果太薄，还应在冒顶空洞内堆塞厚度不少于 0.5m 的木料或矸石，梁与撞楔之间要背实。处理冒顶和架设支架的整个过程，应设专人观察顶板。

（3）木垛法。木垛法是一种比较常用的方法，如巷道冒顶高度在 5m 以内，冒落长度在 10m 以上，冒落空间以上岩石基本稳定，就可将冒落的岩石清除一部分，使之形成自然堆积坡度，留出工作人员上、下及运送材料的空间并能通风时，就可以从两边在冒落的煤矸上架木垛，直接支撑顶板。先在冒顶区附近的支架上打两排抬棚，提高支架支撑能力，在支架掩护下出矸。架设前处理人员站在安全地点用长柄工具将顶帮活石找掉，架设木垛要保证有畅通的安全出口。架木垛前，在冒落区出口处并排架设两架支架，用拉条拉紧，打上撑杆，使其稳固，在支架和矸石上面架设穿杆。架木垛时，第一个木垛最上一层应用护顶穿杆，以保证施工第二个木垛时的安全。木垛要撑上顶、靠上帮，靠顶板处要背上一层荆笆，用楔子背紧。然后架第二个木垛，依此类推一直到处理完毕。

（四）发生冒顶事故时的自救互救与安全注意事项

处理顶板事故的主要任务是抢救遇险人员，及时恢复生产。抢救遇险人员的一般原则是，必须时刻注意救护人员的安全。如果有再次冒顶危险时，应首先加强支护，维护好安全退路。在冒落区工作时，要派专人观察周围顶板变化，注意检查瓦斯及其他有害气体。在清除冒落岩石时，使用工具要小心，以免伤害遇险人员。

1. 采煤工作面冒顶时的避灾自救措施

（1）迅速撤退到安全地点。当发现工作地点有即将发生冒顶征兆而当时又难以采取措施防止采煤工作面顶板冒落时，最好的避灾措施是迅速离开危险区，撤退到安全地点。

（2）遇险时要靠煤帮贴身站立或到木垛处避灾。从采煤工作面发生冒顶的实际情况来看，顶板沿煤壁冒落是很少见的。因此，当发生冒顶来不及撤退到安全地点时，遇险者应靠煤帮贴身站立避灾，但要注意煤壁片帮伤人。另外冒顶时可能将支柱压断或推倒，但在一般情况下不可能压垮或推倒质量合格的木垛。因此如遇险者所在的位置靠近木垛处时，可撤至木垛处避灾。

（3）遇险后立即发出呼救信号。冒顶对人员的伤害主要是砸伤、掩埋或隔堵。冒落基本稳定后，遇险者应立即采用呼叫、敲打（如敲打物料、岩块可能造成新的冒落时则不能敲打，只能呼叫）等方法，发出有规律、不间断的呼救信号，以便救护人员和撤出人员了解灾情组织力量进行抢救。

（4）遇险人员要积极配合外部的营救工作，冒顶后被煤矸、物料等埋压的人员不要惊慌失措，在条件不允许时切忌采用猛烈挣扎的办法脱险，以免造成事故扩大。被冒顶隔堵的人员，应在遇险地点有组织地维护自身安全，构筑脱险通道，配合外部的营救工作，为提前脱险创造良好条件。

2. 营救被冒顶埋压遇险人员的措施

（1）保障营救人员自身安全。营救工作要在灾区中的领导和有经验老工人的指挥下进行。营救人员要检查冒顶地点附近的支架情况，发现有折损、歪扭、变形的柱子，要立即处理好，以保障营救人员的自身安全，并要设置畅通、安全的退路。

（2）因地制宜地对冒顶处进行支护。要根据顶板垮落的情况，在保证抢救人员安全和抢救方便的前提下，因地制宜地对冒顶处进行支护。在采煤工作面局部冒顶埋压人员时，可用掏梁窝、悬挂金属顶梁或掏梁窝架单腿棚等方法进行处理。棚梁上的空隙要用木料架设小木垛接到顶，并插紧背实，阻止冒顶进一步扩大。

（3）营救埋压人员。在检查架设的支架牢固可靠后，要指派专人观察顶板，才能清理被埋压人员附近的冒落煤矸等，直到把遇险矿工从埋压处营救出来。在营救过程中，可用长木棍向遇险者送饮料和食物。在清理冒落煤矸时，要小心地使用工具，以免伤害遇险人员。如果遇险矿工被大块矸石压住，应采用起重气垫、液压起重器或千斤顶等工具把大块岩石顶起，将人迅速救出。

3. 独头巷道迎头冒顶被堵人员的安全应急措施

（1）遇险人员要正视已发生的灾害，切忌惊慌失措，坚信矿领导和同志们一定会积极进行抢救。应迅速组织起来主动听取灾区中班组长和有经验老工人的指挥。团结协作，尽量减少体力和隔堵区的氧气消耗，有计划的使用饮水、食物和矿灯等，做好较长时间避灾的准备。

（2）如人员被困地点有电话，应立即用电话，汇报灾情、遇险人数和计划采取的避灾自救措施；否则，应采用敲击钢轨、管道和岩石等方法，发出有规律的呼救信号，并每隔一定时间敲击一次。不间断地发出信号，以便营救人员了解灾情，组织力量进行抢救。

（3）维护加固冒落地点和人员躲避处的支架，并派人检查，以防止冒顶进一步扩大，保障被堵人员避灾时的安全。

（4）如人员被困地点有压风管，应打开压风管给被困人员输送新鲜空气，并稀释被隔空间的浓度，但要注意保暖。

 阅读材料

## 案例 1　某矿井 1311 长壁工作面"7·9"冒顶事故

该工作面已形成多年，但由于块段小，一直闲置未回采。工作面回采时，回风巷已垮落堵塞，虽能保证通风，但人员已无法通行。7 月 9 日中班 6：40 左右，工作面中下段至机头段因压力大、在工作面爆破落煤时受震动顶板将摩擦支柱推倒后垮落（约 8m 长），工作面铲煤工 6 人遇险被困。事故发生后，安全员及时向井口、矿汇报，井口组织现场相关人员采取如下施救措施：

（1）通过喊话与遇险人员联系，确知他们均躲避于ﾟﾟ支架与煤壁的空隙间后，告知他们要镇定，让他们采取垮冒矸石垫码、闲置物支撑掩护，防止垮冒范围和程度加剧，进行自我施救待救。

（2）通过上述手段，被困人员就地取材进行了自我防范并避开工作面刮板输送机拉动影响，尽可能清理刮板输送机内阻碍物。

（3）井口组织现场人员从外向里，在工作面沿机头向上打点柱控制顶板、刨开片落矸石，边排矸边护顶，点动刮板输送机逐步移动排矸，通过40min的奋战，在救护队到达现场时，冒顶段通道已恢复至遇险人员能爬出。后与救护队协同在第二次冒顶前将遇险人员全部救出。

## 案例2　某矿回风巷冒顶事故

2006年6月20日某矿掘进六队在4103回风巷进行施工作业，在没有临时支护的情况下，掘进司机张××进入作业区域进行成型测量，支护工李某随后跟入，在退出时，距前方煤壁1.6m处，掉下一块面积约1m²、厚0.35m的煤块砸至李某头部和腰部，经急救站现场处理后送往医院抢救无效死亡。经现场观察，该巷道顶板多处有贝壳状游石（草帽花），极容易掉落。

经分析，事故的直接原因是作业人员在未进行超前支护、敲帮问顶的情况下，违章进入空顶区；间接原因是安全管理不到位，现场管理不严，有制度而没有认真执行。

事故教训与防范措施：

（1）加强安全设施使用和管理，严格作业规程并在现场的兑现。

（2）严格执行敲帮问顶的安全检查制度，严禁任何人进入空顶区进行作业。

（3）施工措施应有针对性，应与现场的地质条件相符。

### 二、透水事故预兆及事故应急处置

矿山在建设和生产过程中，地表水和地下水通过裂隙、断层、塌陷区等各种通道涌入矿井，造成矿井水灾害，通常称为透水。煤矿透水是指在矿井里采煤的时候，采掘工程导通地表水体、地下水或者积水的废弃坑道、老空水、老窑等，引发的事故。

（一）发生水害事故时的预兆及其特点

1. 发生水灾事故时的预兆

一般说来，发生水灾事故时的预兆有如下几种：

（1）煤层发潮，发暗，变凉。说明采掘迎头附近有水源或积水。

（2）"挂汗"。积水通过煤岩裂隙而在煤岩壁上聚结成许多水珠的现象。

（3）工作面顶板淋水加大或出现压力水头。

（4）空气变冷或出现淡淡的雾气，说明附近有较强含水层或温度较高水体。

（5）水叫声。发出"嘶嘶"、"闷雷"、"哗哗"等声音，说明采掘工作面距积水区或水源较近。

（6）"挂红"。水体含有铁的氧化物，氧化后通过煤岩裂隙渗出，出现红色水锈，多为老空水的透水征兆。

（7）有害气体明显增加，有异味，多为老空水的透水征兆。

（8）工作面压力明显增强，顶板来压、片帮、冒顶次数增加，底板鼓起等。

（9）提高上限工作面局部冒顶有淋水或水中有砂，应考虑有溃水、砂可能。

2. 发生水灾时的预兆特点

由于矿井突水水源不同，发生透水前的预兆各有特点：

（1）采空区积水。由于采空区积水积存时间较长，水量补给排泄差，常称"死水"，透水预兆有挂红、水味发涩或出现雾气等现象。

（2）断层水。断层水水量补给较充分，故称"活水"，透水预兆有采掘工作面出现来压、淋水增大；遇断层带中有淤泥时，水较混浊多呈黄色等现象。

（3）顶板水。顶板来压，淋水增大，空气变冷，采后老塘涌水突然增大等。

（4）底板承压水。当采掘工作面接近石灰岩岩溶水时，可能出现顶底板来压、裂隙渗水现象，水多呈灰色或灰黄色，带有嗅味，有时也有挂红现象。

（二）发现透水预兆和发生水灾事故后的应急原则及安全注意事项

1. 发现透水预兆和发生水灾事故后的应急原则

（1）立即报告。现场人员发现水灾情，应立即向调度室报告，听从指令。

（2）水量较小，水灾清楚，在保证人员安全的前提下，现场有材料时（排水设备和封堵材料），可迅速组织自救。

（3）水量大，来势猛，不能控制，现场人员应立即用最快的方法通知附近受威胁地区的人员，按避水灾路线撤出。同时向调度室汇报撤离路线等情况。

（4）泵房司泵人员接到水害事故报警后，要立即关闭泵房两侧密闭门，启动所有水泵，把水仓水位降至最低。没接到撤退命令，不得擅离工作岗位。

（5）如透水区设有水闸门，在人员撤出后，要立即关闭水闸门隔断水流。

2. 发现透水预兆和发生水灾事故后的安全注意事项

（1）发现透水预兆时不要盲目处理，避免事故扩大化。

（2）透水后，应在可能的情况下迅速观察和判断透水的地点、水源、涌水量、发生原因、危害程度，并迅速撤退到透水地点以上水平。

（3）如老空区水突出，往往有大量瓦斯、硫化氢等有害气体涌出，要佩带好自救器，防止中毒。

（4）撤离过程中，要紧靠巷道一侧，抓牢支架或其他固定物体，尽量避开压力水头和主流。

（5）如透水后破坏了巷道中的照明和路标，迷失了行进方向时，遇险人员应朝着有风流通过的上山巷道方向撤退。在撤离沿途和所经过的巷道交叉口，应留设指示行进方向的明显标志，以提示救护人员的注意。

（6）如出路已被隔断，应另觅他路，迅速寻找井下位置最高、离井筒或大巷最近的地方暂时躲避。同时定期在轨道或水管上敲打发出呼救信号。

（7）如唯一的出路被水封堵无法撤离时，应有组织的在独头工作面躲避，等待救护人员的营救。这是因为独头上山附近空气因水位上升逐渐压缩能保持一定空间和空气量。严禁盲目潜水逃生。

（8）人员撤离到竖井需从梯子间上去时，应遵守秩序，禁止慌乱和争抢，注意自己和他人安全。

（9）被矿井水灾围困时的避灾自救措施：①当人员被困无法退出时，应迅速选择合适避难硐室避灾。如老空透水，须在避难硐室处建临时挡墙或吊挂风帘，防止有害气体伤害；②在避灾期间，遇险人员要情绪安定、自信乐观、意志坚强。除轮流担任岗哨观察水情的人员外，其余人员应静卧，减少体力和空气消耗；③避灾时，应用敲击的方法有规律、间断地发出呼救信号，向营救人员指示躲避处的位置；④被困期间断绝食物后，即使在饥饿难忍的情况下，也不嚼食杂物充饥。需要饮用井下水时，应选择适宜的水源，并用纱布或衣服过滤；⑤长时间被困在井下人员，发现救护人员到来营救时，不可过度兴奋和慌乱。不可吃硬质和过量食物。要避开强烈的光线。

 阅读材料

## 案例 1 某煤矿 4·15 透水事故

1997 年 4 月 15 日 22 时 20 分，某煤矿在 1305 工作面掘进时，一声巨大的响动后，刹那间强大的地下水溃堤般迎面而来，顷刻间将整个巷道淹没，10 名工人遇险。

事故发生后，有关人员紧急通知 1305 工作面其他工作区域人员撤人；将通往迎头的水管改为风管强行向里压风，最大限度地保证迎头供氧；迅速调集排水设施进行排水。1305 工作面 658m 巷道已全部被淹没在水下 13m 处，地下水吞没 1305 工作面时卷起的一股强大的气涡旋流，在巷道里形成了一个狭小的气室，7 名遇险工人被困在气室里的一台面积仅有 1.5m² 的干式变压器上，在极有限的时间和空间里等待外部的救援，经过 70 多个小时的奋力抢救 7 人坚强的活了下来。

这次 1305 工作面轨道巷掘进施工突水事故的积水是 3 层煤顶板砂岩水。本次事故是一次责任事故，共有 10 人遇险，其中 3 人死亡，遇难的 3 人死亡原因主要是在突水逃生时被水冲倒或者被杂物绊倒。本次事故原因主要是：

(1) 现场技术、生产、安全管理比较薄弱，没有坚持"有疑必探、先探后掘"的原则，是造成事故的主要原因。

(2) 对 3 层煤顶板砂岩水认识不足，采空区积水情况不详，在施工措施编制中，没有制定专门探放水措施；出现出水征兆时，现场人员仅用电话向工区汇报出水征兆，没有

采取果断措施，是造成事故的主要原因。

救护人员趟水进入险区后，惊奇地发现险区内有7名遇险人员生还。后经现场勘查和分析，7名遇险人员生还的主要原因是：

（1）突水后这7名职工没有被水冲倒。

（2）突水后这7名职工在看到向外逃生已不可能的情况下，他们就跑到最高处的迎头中，随着水位的上涨，最后他们7人爬上迎头内的一台变压器上，7人在变压器上紧抱一团。

（3）这个迎头处于上顺槽中标高最高的地方，随着水位的上涨，迎头两侧的水位涨到巷道顶板后迎头处形成了水封气室，迎头内存有距离顶板半米多高，长30余米的气室空间。

（4）把供水管路变更为压风管路。进行压风时，正巧在形成气室的地方管路有个破口漏风，使遇险的7人得到新鲜空气。虽然气室体积不大，人多时间长，但因不断供给新风，7人在气室内待了70多个小时，没有缺氧和呼吸困难的感觉。

（5）遇险情况下，班组长积极组织自救，发挥了很好的作用。在班长的组织下，7名职工团结互助，相互鼓励，并轮换使用矿灯，尽量减少力量消耗，不放弃希望，积极等待救援，终于获救。

## 案例2　某煤矿4·18透水事故

某煤矿为一开采40多年的老矿井。20世纪六七十年代采用了水力采煤方法开采3煤。为了充分回收煤炭资源，自20世纪90年代开始，该矿及邻矿在原3煤水采区进行复采。事故发生时，邻矿已停止生产并撤销排水系统半年。

4月18日早9：00，安检员顺200轨道上山行至四岔口时，发现原来自邻矿方向的水流（长流水，涌水量约30m³/h）变的浑浊。根据经验，他估计可能要出现突水。因此，他就让在200轨道上山下部的把钩工赶快向上跑，自己则跑到2号复采区喊人撤退。当时在2号复采区有4名工人在工作。在他将2号复采区的4个工人带出时，在1号冒顶区发生了冒顶，同时在冒顶区有大量水流倾泻而下，通往200上山的路已被堵塞。安检员是个50多岁的老工人，有丰富的井下工作经验，他判断该水不会持续很久。在上山路堵塞后，他带领其他4名工人顺－500溜煤巷向下（南）撤离，该巷道直通井底水仓。在行走五六十米后，发现巷道涌水量加大，且前方已经冒顶（2号冒顶区），他果断地带领4名工人撤入 1 号溜煤巷躲避。刚进入 1 号溜煤巷，水流已经淹没至腰部。约半个小时后，水位逐渐下落，水量逐渐减小。等涌水稳定后，他带领 4 位工人开始寻找出路，东挖西刨，但巷道已经到处发生严重冒顶，出路全被堵死。

事故发生后，其所属集团公司、矿领导立即组织抢救工作，从 3 个路线进行营救，清理冒顶。10 天后被困井下的 5 人全部被救出。

5 人在井下的 10 天，靠喝水维持生命，互相鼓励，相互救助。期间，安检员因过分劳累和寒冷，曾一度休克，其他 4 个人用身体将他暖醒。在安检员的带领和鼓励下，5 个人全部坚强地活了下来。救出时，5 人身体虚弱，经约 2 周的治疗和疗养，全部恢复了健康。

事故原因：邻矿停止排水后，采空区积水量增大，水位升高，压力增大，突破阻挡物突出，顺 -500 溜煤巷突入该矿。

### 三、矿井火灾事故预兆及事故应急处置

矿井火灾是指发生在矿井巷道内、硐室内和采区内，也包括发生在地面井口附近，火焰和烟气能随风流蔓延到矿井中，威胁煤矿生产及人身安全的火灾，是煤矿生产的主要灾害之一。

矿井火灾主要分为以下两种：

（1）外因火灾。外因火灾是指由于某种外在的高温热源引起可燃物燃烧的火灾（在矿井中使用明火、摩擦、电气火花等都可引起外因火灾）。

（2）内因火灾。内因火灾是指由于煤炭（或其他可燃物）接触空气后氧化发热而导致的火灾。内因火灾常发生在采空区、压垮和压酥松的煤柱区、堆积的浮煤或片帮冒顶处、与采空区的连通处等地点。

（一）内因火灾的预兆

（1）巷道中空气温度升高，出现雾气或巷道壁（煤壁）"挂汗"，浅部开采时，冬天在钻孔口或塌陷区冒出水蒸气，另外冰雪融化也是自燃的象征。

（2）能够闻到煤油、汽油或松节油味。如果闻到焦油味，则表明自燃已经发展到相当严重程度。

（3）从煤炭自燃地点流出的水温或空气温度较高，人们可以通过感觉器

官觉察到。

（4）人体有不舒服感。如头痛、闷热、精神疲乏等。这是自燃使氧气浓度降低，同时产生有毒气体的缘故。

（二）矿井火灾灭火方法

1. 直接灭火法

（1）用水灭火。

（2）用沙子或岩粉灭火。

（3）用化学灭火器灭火。

（4）用高倍数泡沫灭火。

（5）挖除火源。

2. 隔绝灭火法

这种方法是在矿井火灾不能直接扑灭时，采取在通往火区的所有井巷内构筑防火墙，将火区封闭起来，阻止空气流入，使火熄灭。这是处理大面积火灾和控制火势发展的有效措施。一般封闭火区的密闭墙有临时密闭墙和永久密闭墙。在瓦斯矿井还应构筑防爆墙。

3. 联合灭火法

上述方法联合使用，称为联合灭火法。

用水灭火时应特别注意以下事项：

（1）要有足够的水源和水量，否则少量的水在高温条件下可以分解成具有爆炸性的氢气和助燃的氧气。

（2）灭火人员一定要站在火源的上风侧，并应保持正常通风，回风道要畅通，以便将烟雾和水蒸气引入回风道排出。

（3）水流应从火焰四周逐步移向火源中心，千万不可把水直接喷向火源中心，防止高温火源将水分解成氢气和氧气，造成氢气、氧气爆炸伤人。

（4）要随时检查火区附近的瓦斯浓度。《煤矿安全规程》规定，在抢救人员和灭火工作时，必须指定专人检查瓦斯、一氧化碳、煤尘及其他有害气体和风流的变化，还必须采取防止瓦斯、煤尘爆炸和人员中毒的安全措施。

（5）电气设备着火时，应首先切断电源。在电源未切断前，只准使用不导电的灭火器材（如沙子、岩粉和干粉灭火器）进行灭火。如果未断电源就直接用水灭火，水导电将危及救火人员的安全。

（6）不能用水扑灭油类火灾。因为油比水轻，而且不能与水混合，它总是浮在水的表面，可以随水流动而扩大火灾面积。

（三）矿井外因火灾发生时的应急原则

外因火灾比较直观，初期火势较小，容易控制，现场人员特别是班组长应充分利用灭火器材或其他可能利用的灭火工具直接灭火，并及时向矿调度室汇报火灾地点。如果火灾规模较大，现场人员不能直接扑灭火灾时，应尽快将火灾的地点、范围、性质等情况向调度室汇报，并成立应急救援指挥部，积极组织受火灾威胁区域的人员沿避灾路线尽快撤离灾区。

（四）矿井内因火灾发生时的应急原则

井下工作人员发现煤炭自燃征兆后，必须立即向矿调度室汇报，危及人员安全时要立即组织人员撤离灾区。现场如能直接灭火，必须进行直接灭火，防止火灾范围的进一步扩大，现场直接灭火时必须随时进行一氧化碳气体检测，采取防止一氧化碳中毒的措施。确认有高温火点存在时，要有专人检查瓦斯情况，采取防止瓦斯爆炸的措施。

作业场所一氧化碳浓度超限时，人员必须佩带自救器撤离，火灾进风侧人员应迎风迅速进入进风大巷中，火灾回风侧人员应快速从就近的联络巷进入新鲜风流中，再进入进风巷道中。只有当火灾回风侧遇险人员离火点较近，灾情不严重并有可靠的有害气体检测手段时，方可迅速穿过火区，进入进风侧新鲜风流中，再进入进风巷道中。

 **阅读材料**

## 案例1　某矿14308西轨道平巷内因火灾事故

14308西轨道平巷火区位于某矿北翼14采区14308综放面西部。在14307上分层综放面在推进70~80m时，采空区出现自然发火征兆，形成一个老火区。14308西轨道平巷2月开始由东向西掘进，掘进期间巷道多处冒顶，与顶部14307综放面采空区冒透连通。5月26日平巷掘出1050m距14307采空区切眼约30m处时，发现顶部采空区浮煤中有干馏过的焦炭存在，两天后该处顶煤自燃。

综合考虑各方面因素。决定对火区进行多钻孔、低流量注胶，成胶速度控制在1min内，从灭火道向巷道顶部打仰角3°或水平的钻孔，孔深8m，距巷道顶部4.8~5.2m。该火区经历3次启封，然后迅速喷浆，同时利用灭火道的钻孔继续注胶降温，花费了大量人力物力。至次年1月31日14308火区启封成功，巷道全部喷浆重新处理，几天后火区彻底熄灭。

此次内因火灾的经验及教训：

（1）该矿3层煤在低氧（氧浓度小于5%）时仍能维持阴燃，即使封闭几年的窒熄区域，煤温仍能保持在200℃以上，因此对曾经发过火，又未进行彻底处理的高温火点应予以高度重视。

（2）煤层自燃，经过长时间的放热，火区周围整个煤岩体所储存的热能很大，这些热能若不释放，灭火后极易死灰复燃。

（3）胶体泥浆能在碎煤中充填空隙，很快使煤氧隔离窒息，即使高温蒸烤失去水分，仍有30%~50%的黄土存在于空隙中，能起防火作用。

（4）胶体泥浆灭火技术首次在没有喷浆的松散顶煤中应用，泄漏率不到1%，比单纯注胶效果好。

## 案例2　某矿带式输送机巷外因火灾事故

1990年11月20日8：40，某地方小矿北斜井上仓带式输送机机尾转载点处，发生一起矿井外因火灾事故，死亡17人，伤2人。事故当日8：10，司机李某到达工作地点，首先检查了带式输送机，然后和其他两位工友吃饭。没一会儿就闻到了烟味，而且越来越大，李让工友赶紧通知班组长，同时赶紧通知上部司机让其下来，然后拿着灭火器到冒烟地点，发现木堆里冒烟并已出现火苗。喷射灭火未奏效，这时上部司机也到现场，又返回取灭火器，结果仍然没有扑灭。8：40，跟班班组长赶到现场，但火势已经很大了，他们又到距离着火地点400m远处取了几个灭火器灭火。由于火势大，未能将火扑灭。9：30，调度室主任得到消息，立刻向上级汇报，成立救灾指挥部，采取风流短路、撤出灾区人员等一系列救灾措施，才控制住灾情。

此次事故的直接原因是井下工人吸烟，并将没有熄灭的烟头扔到了木堆里。导致事故扩大的其他原因有：

(1) 职工的灾情观念差。发现起火时，只知道灭火，未及时向调度室或者其他领导汇报，也没有及时通知井下处于灾区下风侧风流中采掘工作面撤人。结果自以为能把火扑灭，却延误了时间，扩大了灾情。

(2) 巷道中的废旧坑木没有及时运走，成为起火的直接引燃物。

(3) 灭火器材能力低，质量差，3次使用灭火器都未能将火扑灭。

(4) 消防管路系统不全，无法用水有效地直接灭火。

(5) 灾区出风口封闭晚，造成大量有毒有害气体特别是一氧化碳气体涌入其他采掘工作面，导致人员伤亡。

(6) 灾害预防和处理计划落实不彻底，职工在发生灾情后应变能力差。

(7) 部分职工未佩戴自救器。

### 四、煤与瓦斯事故预兆及防治

煤（岩）与瓦斯（二氧化碳）突出指在地应力和瓦斯（二氧化碳）的共同作用下，破碎的煤（岩）和瓦斯（二氧化碳）由煤体内突然喷出到采掘空间的现象，简称煤与瓦斯突出。

煤与瓦斯突出是煤矿生产中一种极其复杂的动力现象，它能在极短的时间内由煤体向巷道或采场突然喷出大量的煤炭并涌出大量的瓦斯，并造成一定的有时是十分巨大的动力效应，是严重威胁煤矿安全生产的主要灾害之一。当发生煤与瓦斯突出时，采掘工作面的煤壁将遭到破坏，大量的煤与瓦斯将从煤层内部以极快的速度向巷道或采掘空间喷出，充塞巷道，煤层中会形成空洞，同时会伴随着强大的冲击力，巷道设施会被摧毁，通风系统会遭到破坏、甚至会发生风流逆转，还可能造成人员窒息和发生瓦斯爆炸、燃烧及煤流埋人事故，更严重时可导致整个矿井正常生产系统的瘫痪。

（一）煤与瓦斯突出预兆

绝大多数的煤与瓦斯突出是有预兆的，没有预兆的突出只有极少数。突出预兆可分为有声预兆和无声预兆两大类。

1. 有声预兆

（1）响煤炮。预兆声音的大小、时间间隔、在煤体中发声的种类会因各矿区、各采掘工作面的地质条件、采掘方法、煤质特征的不同而不同，有的像鞭炮声，有的像机枪连射声，还有的像闷雷声、沙沙声以及会出现气体穿过含水裂缝时的吱吱声等。

（2）由于压力突然增大，发生突出前，支架会出现嘎嘎响、劈裂折断声，煤岩壁会开裂，打钻时会喷煤喷瓦斯等。

2. 无声预兆

（1）煤层结构构造方面表现为：煤层层理紊乱，煤变软、变暗淡、无光泽，煤层干燥和煤尘增大，煤层受挤压褶曲、变粉碎、厚度变大，倾角变陡。

（2）地压显现方面表现为：压力增大使支架变形，煤壁外鼓、片帮、掉渣，顶底板出现凸起台阶、断层、波状鼓起，手扶煤壁感到震动和冲击，炮眼变形装不进药，打钻时跨孔、顶夹钻等。

（3）其他方面的预兆有：瓦斯涌出异常，忽大忽小，煤尘增大，空气气味异常、闷人，煤或空气变冷，有时变热等。

上述突出预兆并非每次突出都同时出现，而仅仅出现一种或几种。

（二）煤与瓦斯突出的防治

矿井在采掘过程中，只要发生一次煤与瓦斯突出，该矿井即为突出矿井，发生突出的煤层即为突出煤层。

开采突出煤层时，必须采用综合防突措施。在采用防治突出措施时，应优先选择区域性防治突出措施，如果不具备采取区域性防治突出措施的条件，必须采取局部防治突出措施。在防治煤与瓦斯突出的实践中，我国总结了一套行之有效的综合防突措施，习惯上称为"四位一体"的防突措施，即突出危险性预测、防治突出措施、防治突出措施的效果检验和安全防护措施。

1. 突出危险性预测

突出预测是综合防突的第一个重要环节。当预测有突出危险时，可采取防突措施，并对其防突效果进行检验，确定措施有效时，可采取安全防护措施进行采掘作业；当预测无突出危险时，可直接采取安全防护措施进行采掘作业。可分为区域突出危险性预测和工作面突出危险性预测。

2. 防治突出措施

防治突出措施主要分为区域防突措施和局部防突措施两大类。

目前，采用的区域防突措施，主要包括开采保护层、预抽煤层瓦斯和煤体注水。

局部防突主要包括以下措施：

(1) 石门揭煤防治突出措施。石门和其他岩石井巷揭穿突出危险煤层时的防突措施中，除抽放瓦斯外，还有水力冲孔、排放钻孔、水力冲刷、金属骨架和震动爆破等。

(2) 煤巷掘进工作面防治突出措施。在有突出危险的煤层中掘进巷道，可以采用预抽瓦斯、水力冲孔、超前钻孔、深孔松动爆破、深孔控制卸压爆破、卸压槽和前探支架等防治突出措施。

(3) 采煤工作面防治突出措施。对于有突出危险的采煤工作面，防治突出应以区域性措施为主，因为采煤工作面范围大，又是采煤场所，任何局部防突措施都将中断采煤作业，影响生产。当由于某种原因未采取区域防突措施时或在区域防突措施失效的区段，可采用排放钻孔、松动爆破、注水湿润煤体、大直径钻孔、预抽瓦斯等局部防突措施，并应尽可能地采用刨煤机或浅截深滚筒式采煤机采煤。

(4) 岩石与瓦斯突出的防治。在有岩石与瓦斯突出的岩层内掘进巷道或揭穿该岩层时，可采岩芯法或突出预兆法预测岩层的突出危险性。有突出危险时，必须采取防治岩石与瓦斯突出的措施。①在一般或中等程度突出危险地带可采用浅孔爆破降低突出频率和强度；②在严重突出危险地带，可采用超前钻孔和深孔松动爆破措施；③在严重突出危险地带中掘进爆破时，在工作面附近应安设挡栏，以限制突出强度。

### 3. 防治突出措施效果检验

对防治突出采取的措施进行效果检验，相当于对已经采取了防突措施的采掘工作面，在原来预测的基础上，再进行一次突出危险性预测。按照《防治煤与瓦斯突出规定》的规定，在突出危险工作面进行采掘作业前，必须采取防治突出措施。采取防治突出措施之后，还要进行措施效果检验，经检验证实措施有效后，方可采取安全防护措施进行采掘作业。如果经检验证实措施无效，则必须采取防治突出的补充措施并经检验有效后，方可采取安全防护措施作业。防突措施效果检验的方法与工作面突出危险性预测方法基本相同。

### 4. 安全防护措施

为了防止因突出预测失误或防突措施失效而造成危害，无论是揭穿突出危险煤层还是在突出危险煤层中进行采掘作业，都必须采取安全防护措施。安全防护措施包括石门揭穿煤层时的震动爆破、采掘工作面的远距离爆破、挡栏、反向风门、自救器、避难所和压风自救系统等内容。

 阅读材料

2007年10月13日，某矿6号采区1113东顺槽发生煤与瓦斯突出事故，造成19人死亡，2人受伤，直接经济损失600.4万元。

事故特征：

（1）1113东顺槽第二道风门内及1113回风措施巷6m以内除顶部有0.2～0.3m的空间外，其余全部被煤炭填实。

（2）抛出煤炭多为煤粒和碎块，煤粉较少，分选性不明显。

（3）1113回风措施巷口往里0～9.5m、12.5m以后的顺槽巷道上帮1.5m高煤墙整体外移 1m，并在顶部形成 2m 左右的空都。

（4）根据顶板锚杆弯曲方向等可以判断 1113 回风措施巷口往里 9.5～12.5m 巷道上都深 5m 左右的孔洞为煤炭突出的孔洞。孔洞轴线与上都的交点距工作面约 8.5m，与巷道轴线夹角约 50°，孔洞口宽约 3m，孔洞呈口大腔小的拱形。

（5）突出煤抛出距离约 20m，动力效应较小（风门未破坏且风门内还有幸存者）。

（6）突出煤量 379t、瓦斯量 13886m³。

（7）19 名遇难者中 1 人为部分掩埋窒息死亡、其他 18 人为掩埋窒息死亡。

事故直接原因分析：

1113 东顺槽位于严重突出危险区，工人进行破煤和打锚索作业的震动效应诱发了以地应力为主导的煤与瓦斯突出。

间接原因分析：

（1）对以地应力为主导的煤与瓦斯突出的复杂性认识不足。该矿由于开采深度已达到 630m，地压大、煤层瓦斯压力大（3.9MPa）、瓦斯含量高（18m³/t），且在此之前未发生过以地应力为主导的煤与瓦斯突出事故，对此类事故认识不足，是造成事故的主要原因。

（2）1113 东顺槽开门点上都施工的钻孔未达到设计要求，瓦斯预抽上都 5m 控制范围虽然满足规定要求（2~4m），但不足以抵抗该区域地应力、瓦斯压力的破坏，是造成事故的重要原因。

（3）生产组织、人员管理上存在漏洞，该矿未制定统一协调各区队生产组织、人员管理的有关规定。事故前 1113 东顺槽 27m 巷道内有 21 人多工序平行作业，短时间内临时进入较多人员，是造成伤害人员较多的原因。

事故防范措施：

（1）提高对煤矿突出危害严重性的认识，针对矿井深部开采出现的以地应力为主导的煤与瓦斯突出灾害，开展防治技术的攻关研究。进一步完善防突技术措施，认真落实防突管理责任制。

（2）强化瓦斯抽放工作，扩大抽放的控制范围，提高抽放效果，确保巷道两都的控制范围达到技术规范的要求。加强钻孔施工、验收人员的管理，严格按设计施工，强化钻孔验收制度，确保钻孔施工质量。

（3）制定统一的劳动组织管理制度，严格控制井下采掘工作面多工序平行作业，严格控制下井作业人员数量。

（4）在巷道交岔处、构造变化带及地压增大带，加强支护，加长上帮锚杆（锚索）的深度。

（5）进一步落实瓦斯抽采利用的有关规定，瓦斯防治措施由局部措施为主转到区域性措施在先，做到先抽后采、先抽后掘，达到抽、采、掘平衡。

**【讨论与思考】**

1. 掘进巷道冒顶事故的预防措施有哪些？
2. 矿井防火的一般措施有哪些？

## 第七节　矿工自救、互救与现场急救

多数灾害事故发生初期，波及范围和危害程度都比较小，这是消灭事故、减少损失的最有利时机。而且灾害刚发生，救护队很难马上到达，因此在场人员要尽可能利用现有的设备和工具材料将其消灭在萌芽阶段。如不能消灭灾害事故时，正确地进行自救和互救是极为重要的。

### 一、发生事故时在场人员的行动原则

发生事故后，现场人员应尽量了解和判断事故的性质、地点和灾害程度，迅速向矿调度室报告。同时应根据灾情和现有条件，在保证安全的前提下，及时进行现场抢救，制止灾害进一步扩大。在制止无效时，应由在场的负责人或有经验的老工人带领，选择安全路线迅速撤离危险区域。

当井下掘进工作面发生爆炸事故时，在场人员要立即打开并按规定佩戴好随身携带的自救器，同时帮助受伤的同志戴好自救器，迅速撤至新鲜风流中。如因井巷破坏严重，退路被阻时，应千方百计疏通巷道。如巷道难以疏道，应坐在良好的支架下面，等待救护队抢救。在采煤工作面发生爆炸事故时，在场人员应立即佩戴好自救器，在进风侧的人员要逆风撤出，在回风侧的人员要设

法经最短路线，撤退到新鲜风流中。如果由于冒顶严重撤不出来时，应集中在安全地点待救。

井下发生火灾时，在初起阶段要竭力扑救。当扑救无效时，应选择相对安全的避灾路线撤离灾区。烟雾中行走时迅速戴好自救器。最好利用平行巷道，迎着新鲜风流背离火区行走。如果巷道已充满烟雾，也绝不要惊慌、乱跑，要冷静而迅速辨认出发生火灾的地区和风流方向，然后有秩序地外撤。如无法撤出时，要尽快在附近找一个硐室等地点暂时躲避，并把硐室出入口的门关闭以隔断风流，防止有害气体侵入。

当井下发生透水事故时，应避开水头冲击（手扶支架或多人手挽手），然后撤退到上部水平。不要进入透水地点附近的平巷或下山独头巷道中。当独头上山下部唯一出口被淹没无法撤退时，可在独头上山迎头暂避待救。独头上山水位上升到一定位置后，上山上部能因空气压缩增压而保持一定的空间。若是采空区或老窑涌水，要防止有害气体中毒或窒息。

井下发生冒顶事故时，应查明事故地点顶、帮情况及人员埋压位置、人数和埋压状况。采取措施，加固支护，防止再次冒落，同时小心地搬运开遇险人员身上的煤、岩块，把人救出。搬挖的时候，不可用镐刨、锤砸的方法扒人或破岩（煤），如岩（煤）块较大，可多人搬或用撬棍、千斤顶等工具抬起，救出被埋压人员。对救出来的伤员，要立即抬到安全地点，根据伤情妥善救护。

## 二、矿工自救设施与设备

### 1. 避难硐室

避难硐室是供矿工遇到事故无法撤退而躲避待救的一种设施。避难硐室有两种：一种是预先设采区工作地点安全出口路线上的避难硐室（也称为永久避难硐室），另一种是事故发生后因地制宜构筑的临时避难硐室。对永久避难硐室的要求是：设在采掘工作面附近和起爆器启动地点，距采掘工作面的距离应根据具体条件确定；室内净高不得小于 2m，长度和宽度应根据同时避难的最多人数确定，每人占用面积不得小于 $0.5m^2$；室内支护必须良好，并设有与矿（井）调度室直通电话；室内必须设有供给空气的设施，每人供风量不少于0.3m³/min；室内应配备足够数量的隔离式自救器；避难硐室在使用时必须用正压通风。临时避难硐室是利用独头巷道、硐室或两道风门间的巷道，由避难人员临时修建的。为此应事先在这些地点备好所需的木板、木桩、黏土、沙子和砖等材料，在有压气条件下还应设置装有带阀门的压气管。若无上述材料时，避难人员可用衣服和身边现有的材料临时构筑，以减少有害气体侵入。

进入避难硐室时，应在硐室外留有衣物、矿灯等明显标志，以便救护队寻找。避难时应保持安静，避免不必要的体力和空气消耗。室内只留一盏矿灯照明，其余矿灯关闭，以备再次撤退时使用。在硐室内可间断敲打铁器、岩石等，发出呼救信号。

2. 压风自救装置

压风自救装置是利用矿井已装备的压风系统，由管路、自救装置、防护罩（急救袋）三部分组成。目前世界上技术比较先进的国家已在煤矿普遍使用，1987年重庆煤科分院研制了适合我国煤矿的压风自救装置系统，并在江西省英岗岭煤矿试用，效果良好。进入20世纪90年代以来，我国不少矿井使用了压风自救系统。矿区在井下使用的压风自救装置系统原理如图4-1所示，它安装在硐室、有人工作场所附近、人员流动的井巷等地点。当井下出现煤与瓦斯突出预兆或突出时，避难人员立即去到自救装置处，解开防护袋，打开通气开关，迅速钻进防护袋内。压气管路中的压缩空气经减压阀节流减压后充满防护袋，对袋外空气形成正压力，使其不能进入袋内，从而保护避难人员不受有害气体的侵害。防护袋使用特制塑料经热合而成，具有阻燃和抗静电性能。每

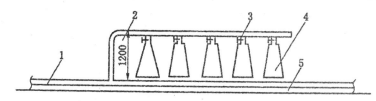

1—压风管路；2—压风自救装置支管；3—减压阀；4—防护袋；5—巷道底板

图4-1　压风自救装置示意图

组压风自救装置上安装多少个开关、减压阀和防护袋，应视工作场所的人数而定。

3. 自救器

自救器是一种体积小、携带轻便，但作用时间较短的供矿工个人使用的呼吸保护仪器。主要用途是当煤矿井下发生事故时，矿工佩戴它可以通过充满有害气体的井巷，迅速离开灾区。因此，《煤矿安全规程》规定："每一入井人员必须随身携带自救器"。

自救器分为过滤式和隔离式两类，隔离式自救器又有化学氧和压缩氧两种。对于流动性较大，可能会遇到各种灾害威胁的人员应选用隔离式自救器；在有煤与瓦斯突出矿井或突出区域的采掘工作面，应选用隔离式自救器。其余情况下，一般应选用过滤式自救器。

佩戴自救器的注意事项：

（1）戴上自救器后，吸气温度逐渐升高，表明自救器工作正常。决不能因吸气干热而把自救器取下。

（2）化学氧自救器佩戴初期生氧剂放氧速度慢，如条件允许，应缓慢行走，等氧足够呼吸时再加快速度。撤退时最好按每小时 4~5km 的速度行走，呼吸要均匀，千万不要跑。

（3）佩戴过程中口腔产生的唾液，可以咽下，也可任其自然流入口水盒降温器，严禁拿下口具往外吐。

（4）在未到达安全地点前，严禁取下鼻夹和口具，以防有害气体的毒害。

三、现场急救

矿井发生水灾、火灾、爆炸、冒顶等事故后，可能会出现中毒、窒息、外伤等伤员。在场人员对这些伤员应根据伤情进行合适的处理与急救。只要发现遇险受伤人员，都要把救人放在第一位。

1. 对中毒、窒息人员的急救

在井下发现有害气体中毒者时，一般可采取下列措施：

（1）立即将伤员抢运到新鲜风流中，安置在安全、干燥和通风正常的地点。

（2）立即清除患者口、鼻内中的污物，解开上衣扣子和腰带，脱掉胶鞋，并用衣被等物盖在伤员身上保暖。

（3）根据心跳、呼吸、瞳孔、神志等方面，判断伤情的轻重。正常人每分钟心跳 60~80 次、呼吸 16~18 次，两眼瞳孔是等大等圆的，遇光线后能迅速收缩变小，神志清醒。而休克伤员的两瞳孔不一样大，对光线反应迟钝。可根据表 4-1 所示情况判断休克程度。对呼吸困难或停止者，应及时进行人工呼吸。当出现心跳停止现象时，除进行人工呼吸外，还应同时进行心脏按压法急救。

表 4-1 休克程度分类表

| 休克分类 | 轻 度 | 中 度 | 重 度 |
|---|---|---|---|
| 神志 | 清楚 | 淡漠、嗜睡 | 迟钝或不清 |
| 脉搏 | 稍快 | 快而弱 | 摸不着 |
| 呼吸 | 略速 | 快而浅 | 呼吸困难 |
| 四肢温度 | 无变化或稍发凉 | 湿而凉 | 冰凉 |
| 皮肤 | 发白 | 苍白或出现花纹斑 | 发紫 |
| 尿量 | 正常或减少 | 明显减少 | 尿极少或无尿 |
| 血压 | 正常或偏低 | 下降显著 | 测不到 |

（4）人工呼吸持续的时间以伤员恢复自主性呼吸或真正死亡时为止。当救护队员到达现场后，应转由救护队用苏生器苏生。对重度 CO 中毒和 $SO_2$、$NO_2$ 中毒者只能进行口对口的人工呼吸或用苏生器苏生，不能采用压胸或压背法的人工呼吸，以免加重伤情。

现场急救常用的人工呼吸和胸外心脏按压的方法主要有：

（1）口对口吹气法。此法效果好、操作简单、适用性广。操作前使伤员仰卧，救护者跪在伤员头部一侧，一手托起伤员下颌，并尽量使头部后仰，另一手将其鼻孔捏紧，以免吹气时从鼻孔漏气；救护者深吸一口气，然后紧对伤员的口将气吹入，造成吸气，如图4-2所示，并观察伤员的胸部是否扩张，确定吹气是否有效和适当；吹气完毕，松开捏鼻的手，并用一手压其胸部以帮助呼气。如此有节律地均匀地反复进行，每分钟吹气14~16次。

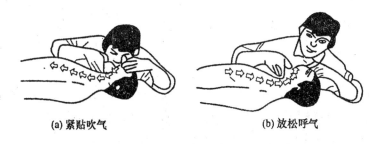

(a) 紧贴吹气　　　　　　(b) 放松呼气

图4-2　口对口吹气人工呼吸法

（2）仰卧压胸法。让伤员仰卧，救护者跨跪在伤员大腿两侧，两手拇指向内，其余四指向外伸开平放在伤员胸部两侧乳头之下，借上身重力压伤员的胸部，挤出肺内空气；然后，救护者身体后仰除去压力，伤员胸部依其弹性自然扩张，使空气吸入肺内。如此有节律地进行，每分钟16~20次，如图4-3所示。

（3）俯卧压背法。让伤员俯卧，救护者跨跪在伤员大腿两侧，其操作方法与仰卧压胸法大致相同，如图4-4所示。

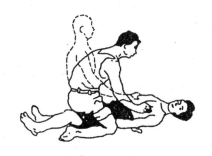

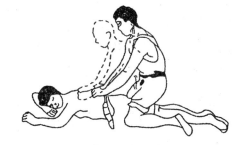

图4-3　仰卧压胸法　　　　　　图4-4　俯卧压背法

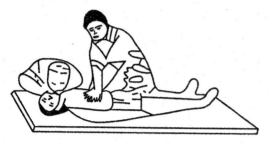

图4-5　胸外心脏按压法

（4）胸外心脏按压法。体外心脏按压是用于对各种原因造成心跳骤停的伤员进行抢救的一种有效方法。将伤员仰卧平放在硬板或地面上，救护者跪在伤员一侧，两手相迭，掌根放在伤员胸骨下三分之一部位，中指放在颈部凹陷的下边缘，借自己的体重用力向下按压，如图4-5所示，使胸骨压下约3～4cm，每次下压后应迅速抬手，使胸骨复位，以利于心脏的舒张。按压次数，每分钟60～80次。

胸外心脏按压法与口对口人工呼吸应同时进行，密切配合，心脏按压5次，吹气1次。按压时，加压不宜太大，以防肋骨骨折及内脏损伤。按压显效时，可摸到伤员颈总动脉、股动脉搏动，散大的瞳孔开始缩小，口唇、面色转红润，血压复升。急救者应有耐心，除非确定伤员已真死，否则，不可中途停止。

2. 对外伤人员的急救

1）对烧伤人员的急救

（1）尽快扑灭伤员身上的火，缩短烧伤时间。

（2）检查伤员呼吸和心跳情况，查是否合并有其他外伤、有害气体中毒、内脏损伤和呼吸道烧伤等。

（3）要防止休克、窒息和疮面污染。伤员发生休克或窒息时，可进行人工呼吸等急救。

（4）用较干净的衣服把伤面包裹起来，防止感染。在现场除化学烧伤可用大量流动的清水冲洗外，对疮面一般不作处理，尽量不弄破水泡以保护表皮。把重伤员迅速送往医院。搬运伤员时，动作要轻柔，行进要平稳。

2）对出血人员的急救

对出血伤员抢救不及时或不恰当，就可能使伤员流血过多而危及生命。出血的种类有：①动脉出血，血液鲜红，随心跳频率从伤口向外喷射；②静脉出血，血液暗红，血流缓慢均匀；③毛细血管出血，表现为创面渗血，像水珠似的从伤口流出。出血较多者，一般表现为脸色苍白，出冷汗、手脚发凉，呼吸急促。对这类伤员要尽快有效地止血，然后再进行其他急救处理。

止血的方法随出血种类的不同而不同。对毛细血管和静脉出血，用纱布、绷带（无条件时，可用干净布条等）包扎伤口即可；大的静脉出血可用加压包扎法止血；对于动脉出血应采用指压止血、加压包扎止血或止血带止血法。常用的暂时性动脉止血方法有：

（1）指压止血法。在伤口的上方（近心脏一端），用拇指压住出血的血管以阻断血流。根据出血位置，采用不同的压迫部位，如图4-6所示。采用此法，不宜过久。在指压止血的同时，应寻找材料，准备换用其他止血方法。

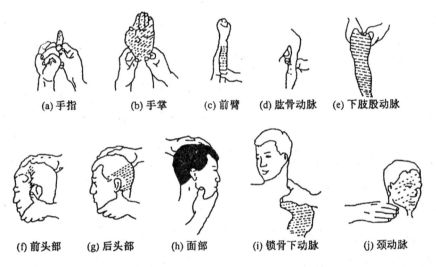

图4-6　指压止血法的止血压点及其止血区域

（2）加压包扎止血法。如图4-7所示，它是先用消毒纱布（或干净毛巾）敷在伤口上，再用绷带（或布带、三角巾）紧紧包扎起来。对小臂和小腿的止血，也可在肘窝或膝窝内加垫，然后使关节弯曲到最大限度，再用绷带（或布带）将其固定，以利用肘关节或膝关节的弯曲压迫血管达到止血的目的。

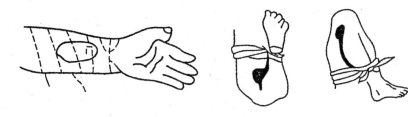

图4－7　加压包扎止血法

（3）止血带止血法。用橡皮止血带（或三角巾、绷带、布胶带等）把血管压住，达到止血目的，如图4－8所示。扎止血带的部位距出血点不宜过远，松紧要适宜。止血时间不宜过长，每30～60min放松一次，若仍然出血，可压迫伤口，过3～5min再缚好。

 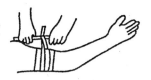 

图4－8　止血带止血法

### 3）对受伤矿工伤口包扎急救

伤口是细菌侵入人体的入口。如果受伤矿工伤口被污染，就可能引起化脓感染、气体性疽及破伤风等病症，严重损害健康，甚至危及生命。所以，受伤以后，在井下无法做清创手术的条件下，必须先进行包扎。

包扎的材料有橡皮膏、绷带、三角巾等。现场没有上述包扎材料时，可用手帕、毛巾、衣服等代用。

（1）螺旋包扎法（螺旋反折包扎法）。螺旋包扎法通常是先做环形缠绕开头的一端，再斜向上绕，每圈盖住前圈的1/3或2/3，如图4－9所示。此法适用于四肢、胸部、腰部等处。螺旋反折包扎法先用环形法包扎开头一端，再螺旋上升缠绕，每圈反折一次，如图4－10所

图4－9　螺旋包扎法

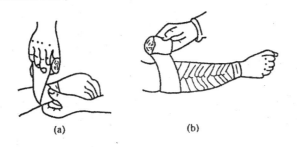

(a)　　　　　　　　　(b)

图 4 - 10　螺旋反折包扎法

示。此法适用于小腿、前臂等处。

（2）"8"字环形包扎法。一圈向上下，一圈向下，成"8"字形来回包扎，每圈在中间和前圈相交，并根据需要与前圈重叠或压盖一半，如图 4 - 11 所示。此法适用于关节部位。

4）对受伤矿工骨折的急救

对受伤骨折矿工在现场急救时常用的方法有：

（1）上臂骨折固定包扎法。肘关节屈曲成90°，在臂内、外侧各置夹板一块，放好衬垫，用绷带将骨折上下端固定。用三角巾将前臂吊于胸前，再用一条三角巾将上臂固定于胸部。无夹板时，用一宽布带将上臂固定于胸部。再用三角巾将前臂悬吊于胸前，如图 4 - 12 所示。

图 4 - 11　"8"字环形包扎法　　　图 4 - 12　上臂骨折固定包扎法

（2）前臂骨折固定包扎法。两块夹板分别放置在前臂及手的掌侧和背侧，加垫后用绷带或三角巾固定。肘关节屈曲成90°，用三角巾将前臂吊于前胸。

（3）小腿骨折固定包扎法。从大腿中部至足根的夹板两块，置于小腿内、外侧，加垫后分段固定。无夹板时，也可用健肢固定。

5）受伤矿工的急救运送

伤员经过现场急救处理后，需要搬运升井护送到医院进一步救治。如果运送不当，可能造成神经、血管损伤，甚至造成终身残废或死亡。运送受伤矿工时，常用的方法有：

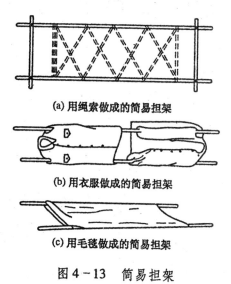

(a) 用绳索做成的简易担架

(b) 用衣服做成的简易担架

(c) 用毛毯做成的简易担架

图 4-13　简易担架

（1）担架运送法。担架可用特制的担架，也可用临时制作的简易担架，如绳索做成的简易担架，衣服做成的简易担架，毛毯做成的简易担架，如图 4-13 所示。

担架运送伤员时的操作方法和注意事项包括：①由 3～4 人组成一组，小心谨慎地将伤员移上担架；②伤员头部在后，以便后面抬担架的人随时观察伤员的变化；③抬担架的人脚步法一致；④向高处抬时（如走上坡），前面的人要放低，后面的人要抬高，以便伤员保持水平状。走下坡时相反。

（2）单人徒手运送法。①扶持法是伤势较轻者可扶着走；②背负法是救护者背向伤员，让伤员伏在背上，双手绕颈交叉下垂，救护者用两手自伤员大腿下抱住伤员大腿，如图 4-14a 所示。③肩负法是把伤员的腹部搭在右肩上，右手抱住双腿，左手握住伤员右手，或以右手将伤员双腿与右手一并抱住，如图 4-14b 所示。④抱持法是救护者一手扶伤员的脊背，一手放在伤员的大腿后面，将伤员抱起来前进，如图 4-14c 所示。

（3）双人徒手运送法。使伤员坐在两个救护者互相交叉成井字形的手上；伤员双手扶住救护者的肩部，如图 4-15 所示。

3. 对触电者的急救

(a)背负法　　　(b)肩负法　　　(c)抱持法

图4-14　单人徒手运送法

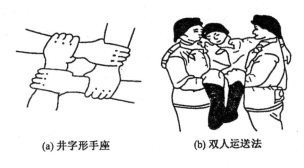

(a)井字形手座　　　　　(b)双人运送法

图4-15　双人徒手运送法

（1）立即切断电源。

（2）迅速观察伤员的呼吸和心跳情况。如发现已停止呼吸或心音微弱，应立即进行人工呼吸或体外心脏按压。若呼吸和心跳都已停止时，应同时进行。

（3）对触电者，如发现有其他损伤（如跌伤、出血等），应作相应的急救处理。

**【讨论与思考】**

1. 佩带自救器的注意事项有哪些？

2. 对触电者应采取哪些急救措施？

# 第五章　班组安全文化建设

　　煤矿班组安全文化建设是现代煤矿企业安全文化建设的重要内容。理解班组安全文化建设内涵和作用，掌握区队班组安全文化建设的要求和途径，自觉地开展班组安全文化建设，增强班组员工的安全生产观念，提高区队班组的凝聚力、执行力和战斗力，是现代煤矿区队班组建设的重要任务。

## 第一节　班组安全文化的基本内涵

### 一、班组安全文化的含义与构成要素

1. 班组安全文化的含义

　　班组安全文化就是依托班组、结合企业与区队在班组安全理念、安全管理制度、安全操作措施、安全工作氛围等活动中而形成的具有本班组自身特点的安全思维观念和安全行为方式，是班组成员付诸实施的共同安全价值体系。班组的安全文化建设就是通过各种载体、手段或有效形式，把先进的安全管理理念、安全管理制度、安全行为规范，融入或渗透到班组成员的思想，使班组职工树立起正确而牢固的安全意识、安全价值观，营造安全生产的班组安全文化氛围。

2. 班组安全文化的构成

　　（1）班组的安全理念。班组安全理念是一个班组在安全认识上的展现和共识，是班组优良传统和安全价值观念，是班组安全文化的核心。

　　（2）班组的安全规范。班组的每一个岗位和人员都要建立对应的安全行

为规范、制度约束，是班组安全文化的支撑。

（3）班组安全形象。班组安全形象是班组安全文化建设的重要内容。班组安全形象包括班组的安全工程形象、安全操作形象、安全环境形象、班组成员的安全形象等，是班组安全文化的体现。

（4）班组安全活动。形式、方式灵活多样的班组安全活动是班组安全文化建设的要素，可以强化班组成员的安全意识、陶冶思想情操，营造健康向上的安全文化氛围，是班组安全文化的抓手。

阅读材料

## 某矿综采区队班组安全文化

某矿综采区队班组紧密结合生产实际和团队发展前景以及广大员工的整体素质，综合班组员工愿景和班组共同目标，以提高区队班组对安全知识的掌握、安全能力的创新、培养系统安全思考能力为着力点，广泛征求员工的意见建议，形成了富有自身特色的班组安全文化体系。

安全共同愿景：生产是为了职工更好的生活。

安全工作目标：不干一点违章的事，不出一两带血的煤。

安全价值趋向：班组生产依靠职工、为了职工，尊重职工、调动职工。

安全综合形象：班组的质量形象、绩效形象、员工形象、团队形象被职工和区队认可。

### 二、班组安全文化与煤矿企业安全文化的关系

班组安全文化与煤矿企业安全文化具有共同的趋势和构成要素。班组安全文化紧密结合班组的自身特点，是对煤矿的企业精神、核心价值观、行为规范、企业目标等的具体化和特色化，班组安全文化与煤矿企业安全文化在建设内容上具有高度的一致性。

（1）煤矿企业安全文化对班组安全文化具有引领性。煤矿企业安全文化指引着区队班组安全文化的方向，规定着区队班组文化建设的内容。区队班组安全文化建设只有按照煤矿企业安全文化的总体要求推进，才能不偏离煤矿安全文化建设的主导方向，正确发挥区队班组安全文化建设应有的作用。

（2）班组安全文化建设是煤矿企业安全文化建设的有机组成部分。班组安全文化是煤矿企业安全文化建设的的有机组成部分，是煤矿企业安全文化建设的基础，体现了煤矿企业安全文化的丰富性，直接反映出煤矿企业安全文化建设的实际水平。优秀的煤矿企业安全文化建设要靠优秀的班组安全文化的具体实践来落实。能否落在实处，关键在班组。班组是煤矿企业安全文化建设的主力军，突出员工在煤矿企业安全文化建设中的主体地位，就要突出班组的组织作用，广泛发动全体员工积极参与，才能把安全文化建设落在实处，并将文化力转化成生产力。

### 三、班组安全文化分类

分别从文化形态和手段出发，可对班组安全文化作出不同分类。

（1）从文化的形态出发，班组安全文化包括：观念文化、行为文化、制度文化和物态文化。

（2）从文化的手段出发，班组安全文化包括：教育手段、宣传手段、制度手段、行政手段、技术手段和经济手段等。

 阅读材料

兖矿集团济宁三号煤矿掘进队机电维修班安全文化理念

安全理念：设备不带病，安全有保证。
质量理念：设备日常维护到位，发生事故抢修及时。
价值理念：机电，生产的核心关键。

安全诚信的原则：遵守安全诚信管理；践行煤矿三大规程；落实安全管理制度；树立良好安全信誉。

安全诚信的责任：遵守行为规范，做文明诚信员工。履行岗位职责，做尽职尽责员工。进行安全确认，做自保互保员工。规范操作程序，做精细作业员工。严格质量标准，做以质保安员工。正确辨识隐患，做排险救灾员工。推行岗位创效，做安全高效员工。

## 【讨论与思考】

结合工作实际，讨论并思考自己所在的班组是否已形成了具有自身特色的班组安全文化？简单阐述自己班组的安全理念、安全规范、安全形象和所开展的班组安全活动。

# 第二节　班组安全文化建设的作用

班组安全文化是企业安全文化的基础，班组安全文化是班组安全生产价值标准和行为规范的体现。企业的领导，有责任指导和帮助班组抓好安全文化建设。作为班组，特别是班组长，则应充分认识安全文化建设在班组建设中的重要地位和作用，自觉抓好安全文化建设。

## 一、指导作用

班组既是企业安全管理的关注点，又是企业安全管理的落脚点。通过班组安全文化建设，可以营造宽松和谐的安全生产氛围，调动职工安全生产的积极性、主动性、自觉性。宣传和传播安全知识，增强职工的安全观念，把安全作为生活与生产的第一需要，自觉地保护自己和他人；通过班组安全文化建设，可以实践、开发和创新班组日常安全管理工作。由此可见，加强安全文化建设与抓好班组日常安全管理工作是一致的。

## 二、引领作用

班组安全文化建设既有精神层面的，也有物质层面的，具有引领和导向作用。引领作用主要体现在安全目标的引领、制度规范和完善的引领、质量标准化的引领、教育培训实施的引领等。在安全精神文化建设上，向职工灌输安全理论，增强他们的安全观念，组织职工学习安全技术知识和安全规章制度，提高职工的自我防护能力，规范职工的安全行为；在安全物质文化建设上，配齐劳动防护用品、安全工器具，完善各种安全设施，改善作业环境，还要算好安全的健康、政治、经济、效益和家庭账。

### 三、支撑作用

企业安全文化建设的基本要求，归根到底要落实到班组，落实到每个职工，只有班组的安全文化建设加强了，整个企业的安全文化建设才会有牢固的基础。更何况安全文化建设具有层次性的要求，只有破除"上下一般粗"的做法，形成各自的特色，才能保持企业安全文化的生机与活力。

### 四、规范作用

班组的安全规章制度构成对成员的硬纪律，而安全理念、安全氛围和安全的价值趋向则构成对成员的软约束。这种软约束以班组安全价值观作为基础，在班组成员心理深层形成安全思维定式，在班组安全措施和安全活动的影响作用下，推动硬纪律的顺利执行和班组职工行为的安全规范。能够缓解硬约束对成员思想认识和理解上的抵触，弱化班组职工心理逆反的状态，使班组成员的安全行为规范、一致，使班组管理更加科学有效。

### 五、凝聚作用

文化具有极强的凝聚力量。班组安全文化是班组员工的融合剂、黏合剂，能够融合班组成员的思想、心态，凝聚班组成员的意志、动力，把班组的成员都号召在班组安全生产目标的旗帜下，使个人的安全思想、职业道德与班组的安全生产紧密联系起来，树立共同的安全愿景理念，建立起班组成员间深刻的认同感，使个人与班组、企业同甘苦、共命运，是聚合班组成员的纽带和桥梁。

## 六、激励作用

班组安全文化的核心是确定班组内部的安全价值观念。班组成员在安全价值观指导下，形成共同的安全文化心理意识，形成积极向上的工作氛围，鼓舞班组成员的士气，达到安全生产是班组所期望的共同行为，做到班组安全利益和个人安全行为一致，使班组安全目标与个人安全目标结合。班组内部崇高的群体安全价值观所带来的集体安全成就感和安全荣誉感，能够使班组成员的安全精神需要获得满足，从而产生深刻持久的安全激励作用，改善安全工作绩效。

【讨论与思考】

结合本节的学习内容，讨论并思考自己所在班组的安全文化是否发挥了上述作用？还有哪些方面需要进一步改善？

## 第三节  班组安全文化建设的目标要求

### 一、班组安全文化建设的目标

（1）营造强大的班组"安全氛围"，让员工在班组中有家的安全感、归属感。

（2）形成持续的班组"工作活力"，调动员工的积极性、增强班组的凝聚力、执行力和战斗力。

（3）塑造特色的班组"团队形象"，形成安全效益型班组、安全质量型班组、安全创新型班组、安全学习型班组等独具特色的班组。

## 二、班组安全文化建设的要求

### 1. 主线上突出特色

每个班组都有自己的安全文化背景和专业特点，有的以特别能吃苦著称，有的以敢打硬仗闻名，有的以富有团队精神为特点，有的以安全生产周期长为品牌，有的以学习型组织为根基，有的以技术素质过硬为标志，各具特色。班组安全文化建设要紧紧围绕本班组的优势、特点，以安全为主线，建设有自己班组特色的安全文化。例如兖矿集团济宁三号煤矿综采三队将"工作高效、关系融洽、精神向上、素质均衡"作为和谐班组的创建目标。

### 2. 时间上持续坚持

班组安全文化建设是一项系统持续的工作，是一种柔性的管理模式，需要持之以恒的坚持，并非短期的或是阶段的行为。使职工形成共同的价值标准、思维方式和行为规范，绝不是一朝一夕之功。班组安全文化建设要按照既定的正确主题，通过坚持不懈地、稳妥有序地、细致入微的持续推动与改进，才能发挥其积极作用。

### 3. 内容上发展创新

班组所处的社会环境在变、企业经营情况在变，班组成员构成和思想在变，班组安全文化建设就需要与时俱进、随之变化，做到研究新情况、新问题，制定新思路、新办法，采取新措施、新形式，不断丰富、发展和创新区队班组安全文化的内容，使之与企业以及区队班组的发展变化相得益彰。

### 4. 方式上灵活多样

班组安全文化建设必须有班组员工的积极参与。一个班组就是一个小社会，各班组成员的思想觉悟、技能素质、家庭环境、道德修养等具有差异性。班组安全文化建设方式、方法要结合实际、考虑班组成员特点，把握灵活性和增强操作性，突出班组安全文化建设的实效性。

 阅读材料

肥城矿业集团白庄煤矿采煤一区马保庆班
创建安全型班组　打造特色班组安全文化

一是制定"小理念"。以提升全员安全思想境界为着眼点，广泛开展了安全理念征集活动，精心提炼出了"一举一动，规章至尊"的操作理念，"百年大计、质量为本"的质量理念、"今天安全零事故，我的岗位无违章"的责任理念等十大理念体系。每天班前会带领职工面对"全家福"牌板反复诵读、强化记忆，在潜移默化中感受文化的熏陶和启迪，使各种安全文化理念内化于心、外化于形，逐步成为规范职工安全操作行为的行动指南。

二是实行"小立法"。结合班组实际，建立起了岗位责任制、材料管理、施工标准等一系列班组管理制度，对人人、事事、时时、处处量化标准、细化工序、强化考核，形成了职工对班组长、班组长对班组、班组对区队逐级负责的安全责任考核体系。为实现人人达标、班班达标、月月达标，实行了日考、月评、标准化分数与职工工资挂钩的考核奖励机制，每天对当班职工质量标准得分进行公布，充分利用经济杠杆调动职工抓质量、保安全的责任感。

三是培育"小文化"。通过培育班组安全思想文化、技术文化、行为文化等，努力打造想安全、会安全、能安全的本质安全人，特别是在安全行为文化上，大力推行"手指口述"操作法，任何一项工作都做到先确认、后操作，使职工手脑合一、精力集中，操作失误率减少了三分之一以上。实施预知预想、预报预警、预防预备"六预"管理，坚持每班向班组成员介绍上一班安全和工程质量状况，预报本班安全事项、质量要求和生产任务，使大家明白做什么、怎么做、做到什么程度。同时建立班组安全教育培训制度，做到每人一个学习笔记本，形成了每日一题、每周一重点、每旬一案例、每月一考的"四个一"安全培训机制，并且坚持班中教育和现场提问，使职工从第一环境、第一现场、第一岗位全面落实安全行为规范，有效提高了班组的安全生产能力。

四是开展"小竞赛"。采取骨干演练、导师带徒、以强带弱等形式，大力开展岗位练兵技术比武，鼓励职工干中学、学中干，在全班掀起了"岗位大练兵、技术大比武、素质大提高"的热潮。自2006年以来，在上级各类"技术比武"中，先后有7名同志荣获

"技术能手"称号，有3项科研成果获得市级以上奖励，并涌现出了以全国劳模、北京奥运会火炬手肖立军为代表的一批先进典型。班长马保庆荣获"泰安市青年岗位能手"荣誉称号，并于2009年5月份在全国班组长会议上介绍了做法。

【讨论与思考】

班组安全文化建设的目标有哪些？你所在班组的安全文化是否已达到这些目标？

## 第四节　班组安全文化建设的途径与方法

班组安全文化建设是企业文化建设的重要组成部分，是搞好班组安全管理的思想基础和动力源泉。班组安全文化建设的好坏直接影响着煤矿企业的生产经营和健康发展，只有切实加强班组安全文化建设，才能为一线职工创造一个良好的工作环境，激发他们的工作积极性和创造性。加强煤矿企业班组安全文化建设，应做好以下几方面工作。

### 一、严格落实安全生产方针

安全生产方针是指导和实现安全生产的指示、命令，落实安全生产方针是班组安全文化建设的大前提和大基础。从班组长到班组成员对严格落实安全生产方针要有高度的、统一的认识和领会，强化学习，认真贯彻和执行，潜移默化的提升班组人员的安全生产意识，增强违章作业就是违法的法律思想，推进班组的安全文化建设。

### 二、着力提升班组长的素质

班组长是班组安全文化建设的主角，其自身素质的高低直接影响班组的安全管理水平。班组长既是指挥员又是战斗员，既要有高度的事业心和责任感，又要懂生产、通安全、会管理。作为班组安全的第一责任人，要注意学习安全知识法规，积极参加班组长培训，自觉加强管理学知识的学习实践，掌握和了解班组文化建设的内涵，才能很好的推动和引领班组安全文化建设。

 阅读材料

## 兖矿集团济宁三号煤矿班组长素质提升的做法

围绕培养班组长的"六种能力"，创建"五型"班组，建立完善教育培训机制，促进了班组队伍整体素质的不断提高。

"引进"与"走出"结合。围绕"如何当好班组长"、"班组长学管理"等主题，聘请有关专家学者，开设班组长专题课堂，及时"充电补养"。充分利用网络资源，开通了网能大学，为职工学习搭建了新平台。每季度组织一次班组间的现场观摩交流活动，每半年组织优秀班组长到先进企业学习一次，使班组长走出本班组、本区队学管理，拓宽了视野，提升了管理境界。

"理论"与"实践"并重。济宁三号煤矿利用全省一流的三级煤矿培训基地优势，轮流办班，每年对每名班组长至少进行为期两周的轮训，专门抽调技术专家、拔尖人才授课；区队利用安全活动日，组织职工学习安全法律法规、技术措施，提高了班组长及职工的隐患辨识、标准操作和应急处理能力。灵活开展"岗位练兵、技术比武"、"名师带高徒"等活动，对比武能手、技术状元给予300~600元/月的技能补贴，对现场传帮带作用发挥突出的师傅，给予80~200元/人/月的津贴，调动了班组全员学业务、练技能的积极性。注重班组长后备人才培养，重能力、重品行，将每年新分大中专毕业生充实到生产一线班组实践锻炼，鼓励有学历的毕业生竞争班组长岗位；对班组技术骨干纳入后备队伍重点培养，使一大批业务能力强、思想境界高的安全生产技术骨干迅速走上了区队班组管理岗位。

"学习"与"提高"同步。将学习管理型班组创建融入班组日常工作中，班组长带领班组全员学习规程措施，剖析事故案例，提出工作措施，学习力转化为了管控力、决策力、创新力，班组队伍素质、管理水平与"学习"同步提高。全矿80%以上班组长通过自学和函授等形式取得中专以上学历。综采二队一班开展学习型班组创建两年间，全班有

8人晋升为高级技工，班长刘红卫、支架能手李庆坦被评为公司"优秀技能人才"。

### 三、科学构建安全价值理念

班组安全文化建设必须要有班组安全价值理念为基础和前提。用安全理念端正安全意识，用安全意识纠偏安全行为，用安全行为保证生产的安全。安全健康是人的基本需求，煤矿"三违"现象源何屡禁不止？最根本的问题就是没有牢固树立正确的安全价值理念。例如，区队盲目追求产量、进尺，班组迫使职工拼设备、拼体力，违章冒险蛮干；上级组织安全大检查是帮助下级预防事故，但下级往往对查出问题想方设法大事化小、小事化了；"我要安全"变成了管理者强迫被管理者必须完成的一项硬性指标。班组没有让职工认可的正确的安全理念，班组的安全文化建设就难成其行。

### 四、积极开展安全宣教活动

企业安全文化管理的落脚点在班组，防范事故工作的终端是班组的每一个员工，目的就是要安全生产和生产安全。提高班组员工的安全意识，实现从"要我安全"到"我要安全"的转变，营造"安全第一"的浓厚氛围，利用班前班后等学习机会，借助单位闭路电视、中国煤炭远教网、班组安全知识竞赛、"三违"人员现身说法、"案例警示"、班组安全宣教牌板等平台载体，加强安全生产宣传攻势，做到寓教于乐，使安全生产意识深入人心，安全知识深入掌握，以此规范班组人员的安全行为。

### 五、适时进行亲情感染教育

亲情感染教育是疏导职工情绪、灌输安全意识、实施职业道德建设的有效手段，职工容易接受。要解决安全教育入心入脑的问题，应注重情感投入，放弃"我说你听，照本宣科"大道理满堂灌和家长式的训斥方式，通过在学习室设立"全家福"牌板、在工作地点设置"班组亲情管理牌板"、在班前进行安全宣誓、在班组为职工过生日、举办班组家属与职工手拉手活动等多种形式，不失时机地向职工宣传安全思想。

阅读材料

## 快 乐 工 作 法

做到"三交流"：班组长定期与本班组员工交流思想、交流工作、交流感情；做到"五必访"：班组成员红白喜事必访、家庭闹矛盾必访、家庭有困难必访、受到处分时必访、员工生病时必访，及时做好心理疏导，使每个员工快乐工作，增强聚合力，推动班组的安全生产。

### 六、建立健全岗位精细标准

班组制度建设是班组安全文化建设的有效支撑。班组工作在一线、生产在现场，制定班组岗位生产精细标准最具说服力。建立健全安全生产责任制，明确规定班组成员在安全工作中的具体任务、责任、权利，制定、完善、规范班组的"管理标准、技术标准、工作标准"，做到岗责清晰、标准精细、操作规范。为班组人员上标准岗、干放心活、交标准班建立制度上的保障，从而制约侥幸心理、冒险蛮干的不良现象，做到班组安全责任重担众人挑。

### 七、认真实施动态安全管理

班组在整个生产过程中，对生产的工艺流程和生产作业过程进行安全跟踪、预测控制至关重要，安全生产在时时、处处、环环都要得到保证。为职工创造安全的生产操作环境，配备安全的劳动防护用品，落实操作的安全确认程序，开展"零违章、零事故、零缺陷"班组活动，充分发挥本班组安全网员、安全哨兵、安全岗员在安全管理中的示范监督作用，形成安全人人有责、安全人人监督，隐患及时报告与治理的班组安全工作局面。同时需要建立合理、有效、协调、闭合的班组安全管理工作运作机制。

**【讨论与思考】**

通过本节内容的学习，简单阐述一下将如何在本班组进行安全文化建设。

# 第五节　班组安全活动的开展

班组安全活动是推进安全制度落实和班组安全意识水平的载体和手段。在班组安全文化的建设中具有重要的影响力，是班组的一项经常性工作。

## 一、目前班组安全活动开展容易出现的问题

目前，在班组安全活动开展中主要容易出现以下问题：

（1）搞形式。存在着形式主义，有走过场的现象，参加人员缺席较多，内容空洞，缺乏生动。

（2）不严谨。安全管理工作中存在忽冷忽热、时紧时松、管理力度时大时小的现象。

（3）不重视。生产工作中不同程度的存在重效益轻安全的情况，安全第一的原则得不到全面落实。

（4）低水平。班组安全活动的组织者没有经过比较正规的培训，他们的安全管理知识比较匮乏、组织活动能力较差，安全管理水平不高。

由于班组安全活动存在上述问题，班组的安全氛围不够浓厚，员工的安全意识难以提高，安全防范的能力就比较弱，从而动摇了安全基础，威胁了安全生产工作。

## 二、如何组织班组安全活动

### 1. 班组安全活动要高度重视

对班组安全活动的重视程度直接影响班组安全活动的质量。在实际工作中，班组长重视，则员工就会同样重视，反之，你上面松一寸，下面则松一尺。不能只要求员工重视，而自己则不以为然，尤其是班组长应深入下去，广

泛听取意见，掌握和摸索出做好安全工作的方法。在活动中，要积极与员工一起对本单位和外单位的有关事故及出现的不安全现象进行分析讨论，分清事故原因、责任，起到警示和防患于未然的作用。要鼓励员工畅所欲言，努力形成一种人人讲安全，人人学安全，人人保安全的良好氛围。这样不仅可以拉近与班组员工的距离，而且可以强化安全教育。

2. 班组安全活动要准备充分

（1）活动前准备好前段时间的工作总结，活动中明确指出过去安全工作中存在的问题及应吸取的教训和整改措施。

（2）组织者注意搜集事故案例，增强活动活动资料的针对性，活动中要结合本班组、本岗位的实际情况，运用"举一反三"的办法，引导教育职工。

（3）平时注意对班组骨干的培养，提高他们的安全知识、安全意识和安全技能，在安全活动前提示骨干带头发言，抛砖引玉，确保活动质量。

（4）对班组中的"不放心人"要事前做好思想教育工作，帮助其在安全活动时主动提高认识、谈体会、找原因。且有利于员工自我觉悟，互相教育，共同提高。

（5）准备好下次活动的主题，让员工提前思考，做好准备。

3. 班组员工要积极参与

（1）动员班组员工积极参与安全活动。如在组织学习事故通报时，可先读通报中的事故经过，而后引导大家分析讨论，找出事故原因，并提出防范措施和处理意见，最后再学习通报中所列的事故原因、防范措施和处理意见。这样既可提高员工的安全知识、安全意识和主动参与的热情，又可达到让员工自己教育自己的目的。

（2）在安全活动中应表扬安全生产中出现的好人好事，可采用口头表扬、班内嘉奖和向上级请奖等方式，并号召大家向其学习。通过正面引导，有效调动员工的积极性，为安全生产作贡献。

4. 班组安全活动要内容丰富

班组安全活的内容既要丰富生动又要有重点。如学习文件精神、法律法规的条款时，不能只是枯燥的宣读条文，应积极开展分析和讨论，与会人员都必须发表自己的意见，只要是与安全有关的都可以谈，哪怕是不正确的看法也得说，不能搞一言堂，大家都要谈，只有通过这样才能加深员工对条款的认识和记忆。班长或安全员应结合本单位的安全状况或具体情况、难点问题，选择1～2项操作性强的课题进行学习和讨论。通过安全通报的事例进行分析，对于好的方面要总结，多问几个为什么，对于不足之处应深入探讨如何去纠正。

每次安全活动结束前，应留一定时间，用来征求员工对安全工作的意见，并对相关问题给予明确的答复（解释），以使安全日活动取得比较满意的效果，从而为安全生产提供有力的保障。

5. 班组安全活动要持之以恒

任何事物都有其自身的发展规律性，要实现从量变到质变的飞跃，必须有足够的积累，不可能期望通过几次安全活动就使所有员工的安全意识和技术水平有质的飞跃，但每次安全活动必须要有收获。安全活动进行得如何，与班长和活动组织者的能力是密不可分的。首先是班长或活动组织者对安全工作要有正确的认识，对如何组织和安排要做到心中有数。其次是员工要有正确的态度，要避免抱着无所谓的想法去参加活动。通过不断实践和总结，才能使全体员工的安全意识和操作水平得到不断的提高。

### 三、安全活动的具体要求

（1）安全活动的内容：学习各种规程、制度、条例、安全文件、安全管理制度、安全责任制、季节性安全措施计划和制订实施情况；上级下发的事故通报和典型事故的调查分析；《煤矿安全规程》、安全技术措施知识考试及问答；每月安全情况分析；各种安全检查，反事故演习。

（2）活动时间：采取定期或不定期，每次灵活确定活动时间。

（3）参加人员：班组的全部职工。

（4）凡活动中发现的问题必须有相应的整改措施和责任人。

（5）通过活动发现的问题和拟采取的措施要详写。

**【讨论与思考】**

　　班组安全活动的具体要求有哪些？结合班组工作实际，讨论并思考未来班组安全活动的改进措施。

# 第六章　职业健康与安全

## 第一节　煤矿职业危害因素

### 一、生产性粉尘

生产性粉尘是指煤矿生产过程中所产生的能够较长时间悬浮在空气中的各种矿物细微颗粒的总称，又称矿井粉尘或矿尘。

（一）生产性粉尘的分类

1. 按照粉尘的组成划分

（1）煤尘。细微颗粒的煤炭粉尘。在我国将平均体积粒径小于等于1mm的煤炭颗粒叫做煤尘。需要注意的是，在评价作业场所空气中呼吸性粉尘状况时，将游离状态二氧化硅含量小于10%的煤炭颗粒定义为煤尘；而在评价作业人员接触呼吸性煤尘状况时，将游离二氧化硅含量小于5%的煤炭颗粒定义为煤尘。

（2）岩尘。游离二氧化硅含量大于10%的细微岩石颗粒，又叫做矽尘或硅尘。

（3）水泥粉尘。煤矿井上、下有些作业场所生产、使用水泥或水泥制品时产生的水泥粉尘。

（4）混合性粉尘。以上各种粉尘的混合物。在煤矿采掘工作面由于遇到半煤岩、煤层夹矸或在掘进工作面掘进与锚喷支护同时作业时，会产生岩、煤、水泥之间的各种组合的混合性粉尘。

2. 按照粉尘的存在状态划分

（1）浮游矿尘。悬浮在矿井空气中的粉尘。

（2）沉积矿尘。尘粒在自重作用下，从空气中沉落下来堆积在巷道周壁和物体表面上的粉尘。

3. 按照卫生学的观点划分

（1）全尘。飞扬、悬浮在矿井空气之中各种粒径粉尘的总和。

（2）呼吸性粉尘。空气动力学直径小于等于 $5\mu m$，能够随着人的呼吸进入体内到达肺泡区，引起尘肺病的细微粉尘。

（3）非呼吸性粉尘。被人吸入呼吸系统的粉尘，有少部分进入肺泡区，其余大部分粉尘由于鼻、咽、气管、支气管、细支气管的拦截、阻留作用不能进入肺泡区。

（二）粉尘的危害

粉尘的危害主要表现在以下几个方面：

（1）煤矿生产引起的粉尘飞扬，不仅降低了生产场所的可见度，而且严重影响作业人员的劳动效率和操作安全。

（2）矿工长期在含粉尘浓度较高的环境中作业，吸入大量粉尘后，轻者能引起呼吸道炎症，重者可导致尘肺病。

（3）具有爆炸性的煤尘，在一定的条件下可能发生爆炸，给矿工的生命安全和国家的财产损失带来严重威胁。

（4）粉尘还会影响电气设备的安全运行，加速机械设备的损坏，缩短其使用寿命。

阅读材料

## "开胸验肺"农民工张海超获赔 60 余万元

今年 28 岁的张海超，从事破碎、开压力机等有害工种工作 3 年多后，因怀疑在工厂得了"尘肺病"，长年奔波于郑州、北京多家医院反复求证，而职业病法定诊断机构——

郑州市职业病防治所给出的专业诊断结果，引起他的强烈质疑。在多方求助无门后，被逼无奈的张海超不顾医生劝阻，执著地要求"开胸验肺"，以此证明自己确实患上了"尘肺病"。

张海超"开胸验肺"事件经媒体披露后，引起河南省委、省政府高度重视，省主要领导同志作出批示。河南省卫生厅和郑州市有关部门立即成立了调查处置领导小组，在做好病人诊断救治及善后工作的同时，依法追究了有关部门、有关人员的责任。

张海超的工伤赔偿问题在新密市政府等有关部门的调解下得到解决，目前已与郑州振东耐磨材料有限公司签订了赔偿协议，赔偿包括医疗费、护理费、住院期间伙食补偿费、停工留薪期工资、一次性伤残补助金、一次性伤残津贴及各项工伤保险待遇共计615000元，并与郑州振东耐磨材料有限公司终止了劳动关系。

（三）粉尘的产生

为准确测定煤矿粉尘的浓度，有效地控制粉尘的产生，就必须了解和掌握煤矿粉尘的产生源。

1. 采煤工作面的产尘

采煤工作面的主要产尘工序有采煤机落煤、装煤、运煤、液压支架移架、运输转载、人工摇煤、爆破及放煤口放煤等。

2. 掘进工作面的产尘

掘进工作面的产尘工序主要有机械破岩（煤）、装岩、爆破、煤矸运输、转载及锚喷支护等。

3. 其他地点的产尘

巷道维修的锚喷现场、煤炭的装卸点等也都产生高浓度的粉尘。尤其是煤炭装卸处的瞬时粉尘浓度，有时甚至达到煤尘爆炸浓度界限，十分危险，应予以充分重视。

（四）《煤矿安全规程》对粉尘浓度的有关规定

煤矿企业必须加强职业危害的防治与管理，做好作业场所的职业卫生和劳动保护工作，采取有效措施控制尘毒危害，保证作业场所符合国家职业卫生标准。

作业场所空气中粉尘（总粉尘、呼吸性粉尘）浓度应符合表5-1的要求。

表5-1　作业场所空气中粉尘浓度标准

| 粉尘中游离 $SiO_2$ 含量/% | 最高允许浓度/$(mg \cdot m^{-3})$ | |
| --- | --- | --- |
| | 总　粉　尘 | 呼吸性粉尘 |
| <10 | 10 | 3.5 |
| 10 ~ 50 | 2 | 1 |
| 50 ~ 80 | 2 | 0.5 |
| ≥80 | 2 | 0.3 |

（五）综合防尘措施

目前我国煤矿主要采取以风、水为主的综合防尘技术措施，即一方面用水将粉尘湿润捕获；另一方面借助风流将粉尘排出井外。通常按矿井防尘措施的具体功能，可将其划分为4类：

（1）减少煤尘产生量的措施。减少煤尘产生量的措施主要包括：煤层（体）注水、改进采掘机械结构及其运行参数、湿式凿岩、湿式打眼、爆破使用水炮泥、合理确定炮眼数目和装药量等。

（2）降尘措施。降尘措施主要包括各产尘地点的喷雾洒水、采掘机械内外高压喷雾、爆破前后喷雾、支架喷雾、装岩（煤）洒水、转载点喷雾洒水、除尘器除尘、巷道风流净化水幕等。

（3）通风除尘。通过上述两类措施所不能消除的粉尘要用矿井通风的方法排出井外。事实证明，矿井通风是除尘技术措施中最根本的措施之一。

（4）个体防护措施。井下各生产环节采取综合防尘措施后，作业地点的粉尘浓度仍然难以达到卫生标准，有些作业环境的粉尘浓度甚至严重超标。所以个体防护是综合防尘工作中不容忽视的一个重要方面，但它只是一项被动的防尘措施。个体防护的防尘用具主要包括：防尘面罩、防尘帽、防尘呼吸器、防尘口罩等，其目的是使佩戴者既能呼吸洁净空气，又不影响正常操作。

## 二、有毒有害气体

煤矿井下有毒有害气体种类繁多，而且不同矿井、不同生产时期、不同地点，有毒有害气体种类和含量也有所不同。煤矿生产过程中常见的有毒有害气体主要有以下几种。

（一）瓦斯（$CH_4$）

矿井瓦斯是煤矿生产中必然遇到的一种有害气体，是指煤矿生产过程中，从煤（岩）层中涌出的由煤层气构成的以甲烷为主要成分的有害气体的总称。有时单独指甲烷。

1. 瓦斯的性质

瓦斯（通常指甲烷），它是一种无色、无味的气体，比空气轻。所以瓦斯经常积聚在采煤工作面上隅角，上山掘进工作面及顶板冒落的空洞中。瓦斯无毒，但不能供人呼吸，具有燃烧、爆炸性。

2. 矿井瓦斯的危害

（1）瓦斯爆炸。瓦斯和空气混合成适当比例的混合物，遇火花会发生爆炸，造成大量井下作业人员的伤亡，严重影响和威胁矿井安全生产，会给国家财产和职工生命造成巨大损失。

（2）瓦斯窒息。甲烷本身虽然无毒，但空气中甲烷浓度较高时，就会相对降低空气中氧气浓度，在压力不变的情况下，当甲烷浓度达到43%时，氧气浓度就会被冲淡到12%，人就会感到呼吸困难，时间稍长就会危及生命；当甲烷浓度达到57%时，氧气浓度就会降到9%，这时人若误入其中，短时间内就会因缺氧窒息而死亡。

（二）二氧化碳（$CO_2$）

1. 二氧化碳的性质

二氧化碳是一种是无色，略带酸味的气体，不自燃，易溶于水，略有毒性，比空气重。故常积聚于巷道的底部、井筒底部和下山掘进工作面等地点。

2. 二氧化碳的危害

二氧化碳对人体的影响是对人体的眼、鼻、口等器官有刺激作用，当人体肺泡内二氧化碳增多时，会刺激中枢神经，引起呼吸加快，增大吸氧量，当二氧化碳浓度过大时，会使氧含量降低，引起缺氧而窒息死亡。

### 3. 二氧化碳的主要来源

井下空气中二氧化碳的主要来源有：煤、岩、坑木等的氧化，爆破工作，矿井火灾，瓦斯、煤尘爆炸，人员呼吸，煤岩层中涌出等。

### 4. 有关规定

《煤矿安全规程》规定：采掘工作面进风流中，二氧化碳浓度不超过 0.5%；矿井总回风巷或一翼回风巷风流中，二氧化碳浓度超过 0.75%；采区回风巷，采掘工作面风流、回风流中，二氧化碳浓度超过 1.5% 时，都必须按《煤矿安全规程》规定进行处理。

### （三）一氧化碳（CO）

#### 1. 一氧化碳的性质

一氧化碳是一种无色、无味的气体，其密度与空气相近，所以能够均匀地和空气混合，微溶于水。

#### 2. 一氧化碳的危害

一氧化碳有剧毒，当发生一氧化碳轻微中毒时，中毒者会出现耳鸣、心跳、头昏、头痛等症状；严重中毒则会出现四肢无力、恶心、呕吐等症状，直至昏迷和死亡。但井下空气中，一氧化碳浓度过高时以上症状可能无法表现即进入昏迷状态而死亡。

一氧化碳中毒者两颊有红色斑点，嘴唇呈桃红色，如果经常在一氧化碳稍微超过允许浓度的环境中工作，虽然短时间内不会发生中毒症状，但由于人体长时间吸入一氧化碳，可导致记忆力衰退、失眠和情绪不好等慢性中毒。据统计，在发生瓦斯爆炸、煤尘爆炸及矿井火灾事故死亡的人数中 70%～75% 都是死于一氧化碳中毒。

#### 3. 一氧化碳的主要来源

井下空气中一氧化碳的主要来源是：矿井火灾、煤炭自燃、瓦斯与煤尘爆炸、井下爆破及润滑油分解等。

**阅读材料**

## 一氧化碳浓度超限造成人员中毒

　　2007年，某矿一采煤工作面，由于管理不善，致使采空区遗煤发生自燃，采煤工作面风流中一氧化碳浓度严重超限，该矿决定停止该采煤工作面的生产，采取措施进行灭火，并安排一名瓦斯检查员对该地点的瓦斯和一氧化碳的浓度定期进行测定。由于所采取的灭火措施效果不佳，一氧化碳的浓度没有得到有效控制，造成瓦斯检查员到该采煤工作面附近检测有害气体浓度时一氧化碳中毒，留下瘫痪的后遗症。

　　（四）硫化氢（$H_2S$）

　　1. 硫化氢的性质

　　硫化氢是一种无色，微甜、带有臭鸡蛋味的气体，易溶于水，能燃烧和爆炸，其爆炸浓度为4.3%~46%，具有强烈毒性。

　　2. 硫化氢的危害

　　硫化氢剧毒，有强烈的刺激作用，能阻碍生物氧化过程，使人体缺氧。当空气中硫化氢浓度较低时主要以腐蚀刺激作用为主，浓度较高时能引起人体迅速昏迷或死亡。硫化氢常溶解于水中，当受到搅动和流动时便大量逸出。当巷道有积水及对采空区进行探放水作业时应注意防止硫化氢中毒。

　　3. 硫化氢的主要来源

　　井下空气中硫化氢的主要来源是：有机物质的腐烂，含硫矿物的氧化和水解，含硫煤炭自燃及含硫化氢煤岩层放出等。

**阅读材料**

## 采空区积水逸出硫化氢致使人员中毒死亡

　　某矿掘进工作面，由于地质测量部门提供的资料和数据不够准确，没有及时采取探放水的安全措施，将工作面前方的采空区掘透，发生透水事故，人员撤出后，该掘进工作面停止作业。该地点的涌水量恢复正常后，第二天下午，掘进工区的区长、副区长、技术员和调度室主任进入掘进工作面了解透水情况，造成4人硫化氢中毒死亡。

事故原因：该矿顶板岩石中硫铁矿的含量较高。致使采空区的水中硫化氢的含量较高。在透水事故发生时，由于掘进工作面的通风风筒最末端一节没有按照作业规程的规定进行悬挂，而是放落在底板上。从采空区透出来的积水将两节风筒冲毁，造成近30m的停风区；另一方面，从采空区积水里逸散出来大量的硫化氢气体积聚在停风区内，达到了危险浓度。而上述4人在没有采取任何安全措施的情况下进入工作面停风区，造成中毒死亡。

（五）二氧化氮（$NO_2$）

1. 二氧化氮的性质

二氧化氮具有刺激性臭味，呈棕红色，易溶于水，不能自燃，不助燃，是一种剧毒气体。

2. 二氧化氮的危害

二氧化氮对人的眼睛、鼻腔、呼吸道及肺部组织有强烈的腐蚀作用，能引起肺水肿。二氧化氮中毒有潜伏期，起初往往无明显感觉，经过6～24h后才出现中毒现象，往往导致来不及抢救而死亡。

3. 二氧化氮的主要来源

井下空气中二氧化氮的主要来源是：主要是井下爆破作业，1kg硝铵类炸药爆炸后能够产生10L二氧化氮气体。

（六）二氧化硫（$SO_2$）

1. 二氧化硫的性质

二氧化硫是一种具有硫磺气味及酸味的无色气体，易溶于水，常积聚于巷道底部或倾斜巷道下部。

2. 二氧化硫的危害

二氧化硫有剧毒，对人的眼睛、鼻、呼吸道及肺部组织有强烈的腐蚀作用，使喉咙和气管发炎，呼吸麻痹，严重时可引起肺水肿，以致死亡。

3. 二氧化硫的主要来源

井下空气中二氧化硫的主要来源是：含硫矿物的氧化和自燃，含硫煤岩中爆破作业，含硫煤尘爆炸等。

（七）氨气（$NH_3$）

1. 氨气的性质

氨气是一种具有浓烈臭味的无色气体，对空气的相对密度为 0.6，易溶于水，有较强毒性。

2. 氨气的危害

氨气中毒可引起咳嗽、流泪、头晕、声带水肿，重者会昏迷、痉挛导致死亡。

3. 氨气的主要来源

矿井空气中氨气的来源主要来源有：炸药爆破、用水熄灭燃烧的煤炭、有机物质的氧化腐烂、部分岩层中涌出等。

 阅读材料

## 案例1　盲目复工　缺氧窒息死亡

某矿 -330m 水平 2 采区 3 斜上山掘进工作面临时停工，因局部通风机发生循环风造成巷道内瓦斯积聚，通风部门即打好栅栏，并悬挂"严禁入内"的警标。1999 年 11 月 22 日 11 时，掘进工区 3 名技术员为准备复工，闯进栅栏，检查情况，当走到上山 44m（上山巷道全长 69m）处时，全部窒息死亡，直到第二天才被发现。

经现场取样分析表明：现场空气中瓦斯含量为 43.9%，二氧化碳为 4.3%，氧气为 0.9%，氮气为 50.9%。

煤矿生产过程中形成的一些通风不良（风量不足、风速过低）、废旧巷道、盲巷和采空区等地点，由于长时间不通风或通风不良，致使这些地点一方面瓦斯、二氧化碳等有害气体的浓度增加，另一方面氧气浓度逐渐减少，非常容易造成缺氧窒息死亡。所以，在井下作业的所有人员要注意：一是要具有对危险地点的辨识能力，凡是井下通风不良的区域

或巷道、废旧巷道、盲巷、停风区和采空区等地点，必须严格按照《煤矿安全规程》的有关规定，设置栅栏、临时密闭和永久性密闭，并悬挂"禁止入内"的警标，严禁任何人员入内；二是如果确实是由于工作需要必须进入时，首先应采取检测氧气、各种有害气体的浓度、恢复通风等安全措施，在有安全保障的情况下方可进入。未经检测和确保有害气体不会对人体产生危害时，严禁入内。

## 案例2  炮烟中毒死亡事故

某矿3天内连续死亡两名爆破工，都是由于爆破作业时使用过期、变质和不符合国家安全标准的炸药，没有按照规定装水泡泥，并且在爆破后就立即进入工作面，造成吸入大量炮烟中毒死亡。

综上所述，在煤矿生产过程中，由于煤层中含有的、生产工艺产生的和发生灾变时形成的一些有毒气体，比如硫化氢、二氧化氮和一氧化碳等，这些毒性气体达到一定浓度后，会使人中毒死亡。所以，井下生产一线的作业人员要特别注意：

（1）要具有有毒气体的识别能力。一氧化碳轻微中毒时有头晕、头疼、犯困、疲劳和四肢无力的感觉，硫化氢气体有臭鸡蛋味，二氧化氮有刺激性臭味等，通过识别及时发现这些有毒气体。

（2）要具有一定的自保能力。当发现有一氧化碳轻微感觉时要迅速撤离危险地点到进风巷道中，同时要向调度室和有关部门汇报；当感觉到有浓烈的刺激性臭味、臭鸡蛋味、硫黄味或酸味以及氨水味等，迅速用湿毛巾（用水将毛巾完全湿透，多层叠放）捂住口、鼻来呼吸（因为这些有毒气体都具有极易溶于水的特性，湿毛巾可以有效地将这些毒气吸收和过滤掉一部分），同时要及时撤离危险地点到达安全地点，然后向调度室和有关部门汇报。

（3）要掌握预防中毒的措施。在爆破作业过程中，严把炸药质量关，严格遵守作业规程有关躲炮时间的规定（躲炮、通风时间15～20分钟，将炮烟稀释、冲淡到安全浓度以下），坚持使用水泡泥，并在爆破前、后喷雾洒水。

### 三、其他危害因素

由于煤矿井下条件的特殊性，在生产过程中还存在高温、噪声、振动及放射性物质等危害因素。

#### （一）高温

影响煤矿井下空气温度的主要因素是地热。随着矿井开采深度的逐渐增加，地热的影响越来越严重，井下空气温度也越来越高，热害已成为我国煤矿新的灾害。

1. 高温对人体的影响

（1）对血液循环系统的影响：高温作业时，皮肤血管扩张，大量出汗使血液浓缩，造成心脏活动增加、心跳加快、血压升高、心血管负担增加。

（2）对消化系统的影响：高温对唾液分泌有抑制作用，使胃液分泌减少，胃蠕动减慢，造成食欲不振以及成消化不良等。

（3）对泌尿系统的影响：高温下，人体的大部分体液由汗腺排出，经肾脏排出的水盐量大大减少，使尿液浓缩，肾脏负担加重。

（4）对神经系统的影响：在高温及热辐射作用下，肌肉的工作能力，动作的准确性、协调性，大脑反应速度及注意力都明显降低。

2. 中暑的症状

（1）先兆中暑：出现大量出汗、口渴、头昏、耳鸣、胸闷、心悸、恶心、体温升高、全身无力。

（2）轻度中暑：除上述病症外，体温38℃以上，面色潮红，胸闷，有面色苍白、恶心、呕吐、大汗、皮肤湿冷、血压下降等呼吸循环衰竭的早期症状。

（3）重度中暑：除上述症状外，出现昏倒痉挛，皮肤干燥无汗、体温40℃以上等症状。

3. 出现中暑后急救措施

迅速将中暑者移至凉快通风处；脱去或解松衣服，使患者平卧休息；给患者喝含盐清凉饮料或含食盐 C 1% ～0.3% 的凉开水；用凉水或酒精擦身；重度中暑者立即送医院急救。

4. 《煤矿安全规程》对井下空气温度的规定

（1）进风井口以下的空气温度必须在 2℃ 以上。

（2）生产矿井采掘工作面温度不得超过 26℃；机电设备硐室空气温度不得超过 30℃。当空气温度超过时，必须缩短超温地点工作人员的工作时间，并给予高温保健待遇。

（3）采掘工作面的空气温度超过 30℃，机电设备硐室的空气温度超过 34℃，必须停止作业。

（4）对人体最适宜的空气温度一般为 15～20℃。

5. 防暑降温措施

（1）供给充足的饮料和补充营养。高温作业人员应补充与出汗量相等的水分和盐分，补充水分和盐分的最好办法是供给含盐饮料，饮用方式以少量多次为宜。在高温环境中作业时，能量消耗增加，所以要供应的膳食总热量要高，并适当补充维生素和钙等。

（2）做好个体防护。高温作业人员的工作服，应以耐热、导热系数小而透气性好的布料制成，高温工作服宜宽大又不妨碍操作。此外，按不同作业的需要，配给合适的高温防护用品。

（3）搞好健康监护。从事高温作业的人员应进行岗前查体，以后每年常规查体一次。凡有心血管疾病、中枢神经系统疾病、消化系统疾病者均不宜从事高温作业。

 阅读材料

## 矿井高温环境的危害

正常人在下丘脑体温调节中枢的控制下，产热与散热处于动态平衡状态，体温基本上维持在 37℃。在体力劳动等情况下，体内能量代谢过程加速，产热增大，人体通过血管

扩张血流量增大、汗腺分泌增加及呼吸加速等途径，将体内产生的热量送到体表，以辐射、传导、对流以及汗液蒸发等换能换热方式将热量散发到周围大气中，以维持体温在正常的变动范围内。

高温的工作环境会使人感到不舒适，从而降低劳动生产率，增大事故率，影响安全生产和降低工作效率。同时，人在高温条件下从事繁重体力劳动时，如果周围环境的冷却能力不足以吸收人体散发的热量，就会造成热量在体内蓄积，过高的热环境甚至使人体的温度调节系统失调。在失水、心功能不健全、过度出汗后汗腺功能衰竭的情况下，可能进一步促使热量在体内的蓄积并导致大汗不止、体温升高、头昏、呕吐等中暑症状，甚至造成死亡。

# 地 热 的 利 用

地热（包括地下热水）是矿井热害的主要热源，但在一定条件下，地热又可以作为能源加以利用。如我国北方冬季气温较低，当井筒有淋帮水时，往往发生冰冻，造成卡罐、坠罐、落冰伤人和管道冻裂等事故，同时过低温度的风流还会危害工人健康，降低劳动生产率；利用地热来预热矿井的冬季进风，达到防冻、保证井筒安全提升的目的，即为地热利用的一种有效形式。

在矿山，由于热水的出现，一方面加重了矿井热害的程度，使治理热水成为这类矿山开发中不可缺少的措施和步骤；另一方面，在一定的情况下，热水又是资源，成为矿山的宝贵财富。热水作为能源和水源，可广泛用于工农业生产和社会服务；当矿井热水含有某种或某些有益的矿特质和微量元素，达到饮用水或医疗用水的标准时，其利用价值将更大。在矿山，开发利用矿井热水，具有一个突出的优点，即不必设置专门的热水开发工程，矿井系统本身就是热水开发工程的主体，可以节省投资。

因而，对于矿井地热、矿井热水应除弊与兴利相结合，达到最佳的经济效益为目的。

（二）生产性噪声

噪音是由很多不协调的基音极其谐音一起形成的无规律、杂乱的声音。生产性噪声是指工人长时间在作业场所或工作中接触到的机器、机械等产生的不同频率与不同强度的噪声。

1. 生产性噪声的分类

生产性噪声大体可分为 3 类：空气动力噪声，如煤矿生产中使用的各种通风机、空气压缩机产生的噪声等；机械性噪声，由于机械的冲击、摩擦、转动所产生的噪声，如井下使用的凿岩机、风钻、煤电钻、振动筛发出的声音等；电磁性噪声，如变压器发出的声音等。

2. 生产性噪声的危害

生产性噪声对人体的危害主要表现在：

（1）损害听觉。短时间处在噪声下，可引起以听力减弱、听觉敏感性下降为表现的听觉疲劳；长期在噪声的作用下，可引起永久性耳聋。

（2）引起各种病症。长时间接触高声级噪声，除引起职业性耳聋外，还可引发消化不良、食欲不振、恶心、呕吐、头痛、心跳加快、血压升高、失眠等全身性病症。

3. 预防噪声危害的措施

采用一定的措施可以降低噪声的强度和减少噪声危害，这些措施主要有：

（1）消声。控制和消除噪声源是控制和消除噪声的根本措施。改革工艺过程和生产设备，以低声或无声设备或工艺代替生产强噪声的设备和工艺，将噪声源远离工人作业区和居民区均是噪声控制的有效手段。

（2）控制噪声的传播。隔声，用吸声材料、吸声结构和吸声装置将噪声源封闭，防止噪声传播；消声，用吸声材料铺装室内墙壁或悬挂于室内空间，可以吸收辐射和反射的声能，减低传播中的强度水平；合理规划厂区、厂房，在生产强烈噪声的作业场所周围应设置良好的绿化防护带，车间墙壁、顶面、地面等处应设吸声材料。

（3）采用合理的防护措施。合理使用耳塞，防声耳塞、耳罩具有一定的防声效果；根据耳道大小选择合适的耳塞，隔生效果可达 30 ~ 40dB（A），对高频噪声的阻隔效果更好；合理安排劳动制度，工作日中穿插休息时间，休息时间离开噪声环境，限制噪声作业的工作时间，可减轻噪声对人体的危害。

（4）卫生保健措施。接触噪声的人员应进行定期体检，以听力检查为重点。对于已出现听力下降者，应加以治疗和观察，重者调离噪声作业。就业前体检或定期体检中发现明显的听觉器官疾病、心血管病、神经系统器质性疾病者不得参加接触强烈噪声的工作。

（三）生产性振动

振动是指一种运动状态随时间在位移的极大值和极小值之间的交替变化的过程。在生产过程中，由于设备运转、撞击或运输工具行驶等产生的振动称为生产性振动。

1. 振动源

煤矿生产过程中经常接触的振动源有：风动工具、电动工具、运输工具等。从事上述作业的人员，均不同程度受到生产性振动的危害。

2. 生产性振动对人体的危害

在生产过程中，按振动作用于人体的方式，可将其分为局部振动和全身振动。一些工种所受的振动以局部振动为主，一些工种所受的振动以全身振动为主，有些工种作业同时受到两种振动的作用。

局部振动是生产中最常见和危害性较大的振动，它对人体的神经系统、心血管系统、听觉系统等危害较大。

全身振动经常引起足部周围神经和血管变化，出现足痛、易疲劳、腿部肌肉触痛，常引起脸色苍白、出冷汗、恶心、呕吐、头痛、头晕、食欲不振、胃机能障碍、肠蠕动不正常等。

3. 防止振动危害的措施

为减轻振动对人的危害，要采取各种减少振动的措施。

对局部振动的减振措施有：改革工艺方法和设备，可以大大减少振动的发生源；改革工作制度，专人专机；保持作业场温度在16℃以上，合理使用减振个人用品；建立合理劳动制度，限制作业人员日接振时间。

对全身振动的减振措施有：在有可能产生较大振动设备的周围设置隔离地沟，衬以橡胶、软木等减振材料，以确保振动不外传；对振动源采取减振措施，如用弹簧等减振阻尼器，减少振动的传递距离；另外，利用尼龙机件代替金属机件，可减低机器的振动；及时检修机器，可防止因零件松动引起的振动，消除机器运行中的空气流和涡流等均可起到一定的减振效果。

### （四）放射性物质

某些物质的原子核能发生衰变，放出我们肉眼看不见也感觉不到，只能用专门的仪器探测到的射线。物质的这种性质叫放射性。放射性污染来源于核试验、核燃料、医疗照射等污染物环境中。如果我们对某些放射性较强的物质缺乏了解，就可能伤害自己的健康。生活中的核辐射主要有地基及建材、深部地下水、天然气和煤、医疗设备等，还有一般居民消费用品，包括含有天然或人工放射性核素的产品，都会对一定范围的人产生辐射。所以，对放射性物质必须严加防范，妥善处理。

 阅读材料

## 电焊工 8 年没法当爸爸　辐射和重金属杀精子

何明（化名）来自农村，25 岁那年来到南京找了一份烧电焊的工作，他发誓要好好干活，等条件好些后再娶妻生子。终于，在他 30 岁那年，他存了一笔钱，也有了较稳定的住所，如愿与一位中意的姑娘结婚了。

婚后，小两口生活甜甜蜜蜜，日子一天天好过起来，于是夫妇俩盼着早点生个孩子，因为 30 岁在农村来说算是不小了。一晃三年过去了，一家人望眼欲穿，可是媳妇的肚子始终平平的。小两口这才意识到问题的严重性，但问题出在谁的身上呢？两人都说自己没问题，争执不下，为此还闹起了别扭。

**工作 8 年，8 成精子全部畸形**

终于，何明憋不住了，便领着媳妇来到医院检查。检查结果媳妇没问题，问题出在自己身上：精液分析显示，他的精子数量虽然达标，但畸形率高达 85%，如此质量的精液要想怀孕无异于走路跌倒捡到一块金子。接下来，医生便问何明的工作，当医生了解到何明是一名电焊工，工作已有 8 年之后，恍然大悟，便建议他休息半年至一年，或者换一份其他工作，以利于精子生成的质量，这样有助于怀孕，因为电焊工对精子生成会带来伤害。

　　带着失落的心情，何明回到了家。但回家后何明怎么也想不通。"别的电焊工不是有儿有女嘛，肯定不是电焊的原因"，固执的他认为这与烧电焊没有关系，认为可能是自己一直太劳累造成的，便没有理会医生的叮嘱，第二天又上班了，继续烧电焊的工作，只是不再加班加点。另外，每天让媳妇烧一点好吃的。就这样，媳妇还是没有怀上孩子。这下，何明急了："会不会真的是烧电焊烧坏了精子哦……"越想越害怕，他又跑到医院男科要求做一个精液分析，结果让他欲哭无泪：此时，他的精子数量只有100万/毫升，是正常人的1/20，而且已找不到正常形态的精子，全部变成了畸形。专家介绍，这种精子质量已经没有任何怀孕的可能了。

　　建议：要生宝宝先休息一年半载

　　对于从事这类工作的人生孩子，专家建议说，最重要的是要注意工作防护。例如烧电焊时，应该按照操作规则，戴防护镜和穿防护服；从事装潢、油漆的人，工作时最好戴防毒面具或口罩，干完活后不要再在工地逗留。准备生育之前，最好调换一份别的工作，或者休息半年至一年，不仅有助于怀孕，而且也有利于优生优育。他举例说，曾有一位厨师，结婚四年不育，到医院检查后发现是因为自己弱精子症，也就是说精子活力低下，他听从医生的建议，暂时换了一份其他工作，一年多后，他妻子就顺利怀孕了。"但遗憾的是，何明没有听从我的建议，结果弄成了这样。"

## 【讨论与思考】

　　1. 矿井空气中的有害气体主要有哪些？

　　2. 如何识别一氧化碳、硫化氢和二氧化氮等有毒气体？如何有效防止这些气体的中毒？

　　3. 生产性粉尘的危害有哪些？

　　4. 高温作业对人体的危害有哪些？《煤矿安全规程》对井下空气温度有何规定？

## 第二节　煤矿常见职业病及预防

### 一、煤矿职业病种类及界定条件

职业病是指企业、事业单位和个体经济组织（以下统称用人单位）的劳动者在职业活动中，因接触粉尘、放射性物质和其他有毒、有害物质等因素而引起的疾病。因此，职业病是由于职业活动中因职业病危害因素而产生的疾病，但并不是所有在工作中得的病都是职业病。职业病必须是列在《职业病目录》中，有明确的职业相关关系，并按照职业病诊断标准，由法定职业病诊断机构明确诊断的疾病。职业病的分类和目录由国务院卫生行政部门会同国务院劳动保障行政部门规定、调整并公布。这一目录目前规定的职业病有尘肺、职业性放射性疾病、职业中毒等10类115种疾病，包括以下10种：①尘肺13种；②职业性放射性疾病11种；③化学因素所致职业中毒56种；④物理因素所致职业病5种；⑤生物因素所致职业病3种；⑥职业性皮肤病8种；⑦职业性眼病3种；⑧职业性耳鼻喉口腔疾病3种；⑨职业性肿瘤8种；⑩其他职业病5种，其中包括化学灼伤等工伤事故。

目前来自煤矿的职业危害主要是粉尘、高温高湿、噪声、振动与事故等。劳动者如果怀疑所得的疾病为职业病，应当及时到当地卫生部门批准的职业病诊断机构进行职业病诊断。职业病诊断和鉴定按照《职业病诊断与鉴定管理办法》执行。发现疑似职业病的病人时，用人单位应当及时安排对其进行诊治，在诊断或医学观察期间，用人单位应承担其费用，不得解除或终止与其订立的劳动合同；诊断为职业病的，应到当地劳动保障部门申请伤残等级，并与所在单位联系，依法享有职业病治疗、康复及赔偿等待遇。用人单位不履行赔偿义务的，劳动者可以到当地劳动保障部门投诉，也可以向人民法院起诉。

职业病诊断是一项技术性、政策性非常强的工作。该工作需经省级以上人民政府卫生行政部门批准，由取得职业病诊断资格的医疗卫生机构承担。如用人单位或劳动者对诊断结论有异议，则可以向作出诊断的医疗卫生机构所在地的地方人民政府卫生行政部门申请鉴定。

 阅读材料

## 企业未安排员工体检被罚

2008 年 10 月 30 日，鹿城区卫生局对巨旺鞋业公司进行监督检查，发现该公司未按规定及时向卫生部门进行职业病危害项目申报，也没组织接触职业病危害因素的成型车间、针车车间作业人员刘某等人进行上岗前、在岗间的职业健康体检。

为此，鹿城区卫生局立即向巨旺鞋业公司出具卫生监督意见书，要求其对违法行为进行纠正，对该公司予以警告和罚款4.8 万元的处罚。

### 二、煤矿常见的职业病

我国煤矿职业病主要是尘肺病，此外，振动病、噪声性耳聋、中暑滑囊炎等也是我国煤矿工人的多发病。

（一）尘肺病

尘肺病是由于职业活动中长期吸入生产性粉尘（灰尘），并在肺内滞留而引起的以纤维组织弥漫性纤维化（疤痕）为主的全身性疾病。

1. 尘肺病的危害

当粉尘被吸入人体的呼吸道之后，人体可通过咳嗽反射等自身防御清除功能排出 97% ~99% 的粉尘，只有 1% ~3% 的尘粒沉积在体内。进入肺组织中的尘粒多数在直径 $5\mu m$ 以下，其中进入肺泡的主要是 $2\mu m$ 以下的尘粒。人体对粉尘的清除作用是有限度的，长期吸入大量粉尘可使人体防御功能失去平衡，清除功能受损，而使粉尘在呼吸道内过量沉积，损害呼吸道的结构，导致肺组织损伤，造成肺组织纤维化。

2. 尘肺病的分类

　　煤矿井下生产主要包括岩石掘进和采煤两个工种。这两个工种的工人所接触的粉尘种类是不同的。在岩石掘进工作面工作的工人主要接触的是岩石粉尘（含硅粉尘），煤尘接触很少，他们所得的尘肺病是硅肺；而在采煤工作面、运输煤和地面选煤厂工作的工人，主要接触煤尘，很少接触岩石粉尘，这些工人所得的尘肺病就不是硅肺，而是煤尘肺或者叫煤肺。不过，这两种尘肺病在煤矿工人中只占少数，大约占所有煤矿尘肺病中的20%。绝大多数，即80%的煤矿尘肺是煤硅肺，也就是说既有硅的作用，又有煤的作用而形成的混合性尘肺病。这是因为在我国绝大部分的煤矿，井下工种分工并不严格，而且调动也频繁，井下煤矿工人绝大多数在岩石掘进和采煤工作面都工作过，所以他们既接触煤尘，也接触岩石粉尘，所得的尘肺病是混合的煤硅肺。因此所谓的煤矿工人尘肺病，实际上是包括了煤硅肺、硅肺和煤肺3种尘肺病。

　　（1）硅肺病。长期吸入游离 $SiO_2$ 含量较高的岩尘而引起的，患者多为长期从事岩巷掘进的矿工。

　　（2）煤硅肺病。由于同时吸入煤尘和含游离 $SiO_2$ 的岩尘所引起，患者多为岩巷掘进和采煤的混合工种矿工。

　　（3）煤肺病。大量吸入煤尘所致，患者多为长期在煤层中从事采掘工作的煤矿工人。

　　尘肺病按照病情发展、严重程度，分为Ⅰ、Ⅱ、Ⅲ 3 期，其发病症状如下：

　　（1）Ⅰ期。重体力劳动时呼吸困难、胸痛，轻度干咳。

　　（2）Ⅱ期。中等体力劳动或正常工作时，感觉呼吸困难、胸痛，干咳或带痰咳嗽。

　　（3）Ⅲ期。做一般工作甚至休息时，也感到呼吸困难、胸痛，连续带痰咳嗽，甚至存在咯血和行动困难现象。

　　目前尘肺病还很难治愈，因其发病缓慢，病程较长，且有一定的潜伏期，因而不同于瓦斯、煤尘爆炸和冒顶等工伤事故那么触目惊心，因此往往不被人们所重视，而实际上由尘肺病引发的煤矿工人致残和死亡人数，在国内外都远远高于各类工伤事故的总和。

3. 影响尘肺病的发病因素

（1）矿尘的成分。能够引起肺部纤维病变的矿尘，多半含有游离 $SiO_2$，其含量越高，发病工龄越短，病变的发展程度越快。对于煤尘，引起煤肺病的主要是它的有机质（即挥发分）含量。

（2）矿尘粒度及分散度。尘肺病变主要是发生在肺脏的最基本单元，即肺泡内。矿尘粒度不同，对人体的危害性也不同。最危险的粒度是 $2\mu m$ 左右的矿尘，矿尘的粒度越小，分散度越高，对人体的危害就越大。

（3）矿尘浓度。尘肺病的发生和进入肺部的矿尘量有直接的关系，也就是说，尘肺的发病工龄和作业场所的矿尘浓度成正比。国外的统计资料表明，在高矿尘浓度的场所工作时，平均 $5\sim10a$ 就有可能导致硅肺病，如果矿尘中的游离 $SiO_2$ 含量达 $80\%\sim90\%$，则甚至 $1.5\sim2a$ 即可发病。空气中的矿尘浓度降低到《煤矿安全规程》规定的标准以下，工作几十年，肺部吸入的矿尘总量仍不足达到致病的程度。

（4）个体方面的因素。由于粉尘是通过对人体起作用而产生尘肺病的，所以体质好坏等个体因素，也影响着尘肺病的发生和发展。例如，大家都在同一个车间或矿井下干活，并不是每一个人都产生尘肺病。有时工龄较短的得了尘肺病，而工龄较长的却没有得病，即使得了病，病变发展的快慢和严重程度，人与人之间也有所差别。有这样的不同是因为影响发病的因素和工龄、工种及健康状况、生活习惯，以及个人卫生情况等影响机体抵抗力的多种因素有关。一般说来，未成年的工人、妇女、不注意个人防护和卫生及健康状况较差者，如患有心脏和肺部疾病的人，比较容易患尘肺病。尘肺病在目前的技术水平下尽管很难完全治愈，但它是可以预防的。

（二）振动病

振动病主要是由于局部肢体（主要是手）长期接触强烈振动而引起的。振动病又分为全身振动和局部振动，其中局部振动病为法定职业病。生产设备、工具产生的振动称为生产性振动，局部振动病就是因长期接触强烈的生产性振动所引起的一种疾病。局部振动是指以手接触振动工具的方式为主，振动通过振动工具向操作者的手和手臂传播，直至全身。煤矿中接触振动的作业很多，如采煤、掘进、凿岩、锻压等。

长期受低频、大振幅的振动时，由于振动加速度的作用，可使植物神经功能紊乱，引起皮肤分析器与外周血液循环机能改变，久而久之可出现一系列病理改变。早期可出现肢端感觉异常、振动感觉减退，主要症状为手麻、手疼、手涨、手凉、手掌多汗。此外，有的还会出现手僵、手颤、手无力、手指遇冷即出现缺血发白（严重时血管痉挛明显）等症状。

 阅读材料

## 开车戴手套少患振动病

有关专业资料报道，开车长期受振动后易患振动病。其危害包括：患者可出现面色苍白、出冷汗、恶心、头痛、脚痛、脚部皮肤发凉等；患者常伴有程度不同的神经衰弱，如失眠、多梦、心悸、气短、记忆力明显减退、反应迟钝等；女性患者容易出现月经紊乱，孕妇容易发生流产、早产；人体长时间受到强烈振动，还可导致内脏移位。

开车时预防振动病的措施包括以下几点：

(1) 在驾驶车辆时，戴手套以缓冲振动。

(2) 座位靠背要富有弹性，以减轻振动幅度。

(3) 保养好车辆的减震器，使其始终处于良好的性能状态。

(4) 尽量选择平坦路面行驶。

(5) 加强饮食营养，增强身体免疫力，定期进行健康体检，发现病症及时治疗。

专家提醒以下几点：

(1) 连续开车时间不宜过长，一般以四五个小时为宜。

(2) 适当增加活动量，在开车间隙应坚持体育锻炼，如爬楼梯、打球、健身跑等。

(3) 饮食有节制，避免过度饥饿。

(4) 不宜憋尿，应养成定时排尿的好习惯。

（5）保证充足的睡眠时间。

（三）噪声性耳聋

由于机器转动、气体排放、工件撞击与摩擦等所产生的噪声，称为生产性噪声或工业噪声。噪声是由许多不同强度和不同频率的声音杂乱组合而成的，它能干扰人的正常生物机理，使人产生厌烦情绪，相继产生一些生理性病变。噪声可分为3类，即空气动力噪声、机械性噪声、电磁性噪声。生产性噪声对人体的危害首先是对听觉器官的损害，我国已将噪声性耳聋列为职业病。噪声性耳聋是由于长期处于强噪声环境中而引起的一种缓慢进行的耳聋。噪声能给人带来生理和心理上的多种危害。

（四）中暑

中暑是指由于高温环境引起的人体体温调节中枢的功能障碍、汗腺功能失调和水电解质代谢紊乱所导致的疾病，这是与异常气象条件有关的职业病。所谓异常气象条件是指高温作业、高温热辐射、高温高湿等。异常气象条件引起的职业病列入国家职业病目录的有3种，即中暑、减压病、高原病。一般与煤矿生产作业有关的也就是中暑。

（五）滑囊炎

滑囊炎是由于长期、持续、反复、集中和力量稍大的摩擦和压迫而引起的疾病。煤矿生产中，在一些薄煤层、低工作面、机械化程度低、劳动强度高的区域作业的人员更容易患此病。当然，同等条件下，一般工龄越长、年龄越大，患病率就越高。

三、职业病的防治

（一）煤矿作业场所职业危害现状

职业病是由职业危害所引起的疾病，目前来自煤矿的职业危害主要是粉尘、高温、噪声、振动与事故。对于这些职业危害的防治措施较多，但其防治效果需要通过科学的监测来评价。经过多年研究，我们已建立了尘肺防治监测与评价方法、尘肺发病预测预报系统、截瘫病人管理措施的评价系统。目前，发达国家煤矿生产的尘肺病发病率很低，有的已基本消灭。但在我国，尘肺病仍是危害工人健康的严重职业病，尤其以煤炭系统为重。煤矿是尘肺病发生的重灾区，职工患尘肺病的病例数约占全国总数的 40.5%。

（二）我国煤矿职业危害防治的主要问题

1. 职业危害防治工作体制不健全、管理不到位

国有大型煤矿尽管基本上都设有职防管理机构和专兼职职防工作人员，并建立了相关管理制度，但仍存在着职业危害防治专业技术人才不足，管理水平低，检定、监测仪器设备不足或严重老化等问题，基础工作十分薄弱。地方煤矿多数未设职业病防治机构，有的仅有专兼职管理人员，职防工作基本上由当地职防机构或委托国有重点煤矿职防机构进行，不能正规开展职业病防治工作。大多乡镇煤矿既没有职防机构，也没有专兼职人员，职业病防治工作基本处于空白状态。

2. 经费投入不足

部分煤矿企业的职业病防治仪器、装备不能及时更新和增加，有的企业缺少必要的粉尘监测仪器，不能按规定对作业场所产生的粉尘进行定期监测，不能及时了解和掌握作业场所职业危害的状况，更谈不上及时采取防护和整改措施。

3. 职工自我保护意识差

一方面，部分职工对自身所处的环境、职业危害造成的后果、职业病防护手段缺乏必要的了解，维权意识和自我保护意识淡漠；另一方面，防护用品质量没有保证、发放数量不足，使用不当、甚至不使用，这也是造成尘肺病多发的重要原因。

4. 防尘设施不健全

煤矿作业场所普遍存在防尘设施不健全、设备老化、防尘措施不落实、粉尘浓度超标等问题。矿井综合防尘投入不足，防尘洒水管路失修、锈蚀严重；巷道和采掘运输设备的洒水喷雾设备维修管理不到位，降尘效果不好；煤层（体）注水、湿式作业及冲洗岩帮、巷帮等降尘措施没有严格落实到位；虽然

配有各种防尘设备，但时开时停，管理不到位。一些地方乡镇煤矿基本上没有防尘设施和措施。据调查统计和现场检测，部分煤矿作业场所粉尘浓度超标十几倍乃至几十倍，有的甚至超过国家标准几百倍。

（三）预防煤矿企业职业危害的保健措施

1. 健康查体

煤矿企业要依法组织职工进行职业性健康查体，上岗前要掌握职工的身体情况，发现职业禁忌症者要告知其不适合从事此项工作。在岗期间对作业职工的查体内容要有针对性，并及时将检查结果告知职工。对检查的结果要进行总体评价，确诊的职业病要及时治疗。对接触职业危害因素的离岗职工，要进行离岗前的职业性健康查体，按照国家规定安置职业病人。

2. 个人防护

个人防护是整个职业危害预防的最后一道"防线"。职工本人要积极配合企业在职业卫生方面的管理工作，及时佩戴个人劳动防护用品，正确掌握使用防护用品的知识和方法，使个人防护真正起到防护作用，确保职工在作业环境中不受伤害。

（四）尘肺病的预防措施

控制尘肺病的发生关键在于预防，为了防止粉尘的危害，我国政府颁布了一系列法规和法令。各生产经营单位根据政策法令在防尘上做了不少工作，并总结了预防粉尘危害的综合措施，使得粉尘浓度逐年下降，接触粉尘工人的尘肺发病率逐年降低，发病工龄和病死年龄大大延长。但目前我国预防粉尘危害的任务还相当艰巨，煤矿行业中问题更为突出，抓好防尘工作仍是首要任务。

加强组织领导是做好防尘工作的关键。煤矿企业要坚持安全发展的科学理念，要严格落实国家及行业有关防尘的法规和标准，要有专人分管防尘事宜；建立和健全防尘机构，制定防尘工作计划和必要的规章制度，切实贯彻综合防尘措施；建立粉尘监测制度，配备专职测尘人员，做到定时定点测尘，评价劳动条件改善情况和技术措施的效果。做好防尘的宣传工作，从领导到广大职工，让大家都能了解粉尘的危害，根据自己的职责和义务做好防尘工作。

用工程技术措施消除或降低粉尘危害是预防尘肺病最根本直接的方法。主要在于治理不符合防尘要求的产尘作业和操作，目的是消灭或减少生产性粉尘的产生、逸散，以及尽可能降低作业环境粉尘浓度。

改革生产工艺过程，革新生产设备是消除粉尘危害的根本途径。应从生产工艺设计、设备选择，以及产尘机械出厂前就应达到的防尘要求等各个环节作起。加大煤矿防尘各种新工艺、新装备的研制、开发工作，淘汰落后的工艺、设备。

另外，卫生保健措施也在尘肺病的预防工作中占有重要地位。对粉尘浓度达不到允许浓度标准的作业，积极佩戴防尘口罩，以及职工就业前后定期健康查体，及时发现粉尘对职工健康的损害，采取措施、调整工作岗位，起到积极的预防作用。

【讨论与思考】

1. 什么是职业病？煤矿常见的职业病有哪些？
2. 煤矿尘肺病分为哪几类？影响尘肺病发生的因素有哪些？
3. 个人如何做好预防尘肺病工作？

# 第七章　煤矿安全生产法律法规及常识

## 第一节　煤矿安全生产主要法律法规

### 一、煤矿安全生产方针

#### （一）煤矿安全生产方针的内容及含义

煤矿安全生产方针是我国对煤矿安全生产工作所提出的一个总的目标要求和指导原则，它为煤矿安全生产指明了方向。"安全第一，预防为主，综合治理"是我们党和国家为确保广大煤矿工人的身体健康和生命安全，确保国家、集体、个人财产不受损失，确保煤矿安全生产而制订的煤矿安全生产方针。

安全第一，是安全生产方针的目标和最终目的。是指在处理安全与生产的关系时，要始终坚持安全第一。当安全与生产发生矛盾时，要首先解决安全的问题，必须坚持"先安全、后生产，不安全、不生产"的原则。煤矿生产属于高危作业，要把安全工作放在各项工作的首位，放在第一重要的位置。首先，煤矿企业在编制生产建设长远规划和年度各种计划时，首先要编制安全技术发展和安全技术措施计划。其次，要把保护职工的身体健康和生命安全放在第一位，牢固树立以人为本的思想。第三，煤矿企业党、政、工、团要齐抓安全工作，上至矿长、下到普通职工，尤其是班组长，要做到人人讲安全、人人管安全，不论安排做什么工作，都要把安全放在首位，要牢固树立安全第一的意识，要始终把安全第一作为生产建设总的指导思想和行动准则。

　　预防为主，是安全生产方针的核心和具体体现，是实现安全生产的根本途径。事故是由隐患转化为危险，再由危险转化而成的。因此，隐患是事故的源头，消除隐患"防患于未然"也就控制了发生事故的机理和因素，把事故消灭在了萌芽状态，避免了事故的发生。因此，必须把"预防"作为控制发生事故的主要途径。作为高危行业的煤炭行业，又是劳动密集型企业，存在很多不安全因素，事故一旦发生，其后果不堪设想。煤矿班组长是煤矿生产管理中最基层的管理人员，所有有关安全生产的规定要求都要靠班组长具体实施落实，国家也充分认识到了班组长岗位的重要性。为了加强对煤矿班组长的建设，有关部门还专门制定了《关于加强煤矿班组安全生产建设的指导意见》。所以，班组长在工作中，一定要深刻认识自己在安全工作中起到的重要作用，始终坚持"安全第一"的思想，采取"预防为主"的有效途径。尊重科学，善于观察和发现问题，并能对问题进行科学分析判断，及时发现隐患并立即排除，有效地避免事故的发生，切实发挥好班组长的作用，让职工能安全的工作，企业能安全的发展，真正实现"安全第一"的最终目标。

　　综合治理，就是综合运用法律、经济、行政等手段，人管、法制、技防多管齐下，并充分发挥社会、职工、舆论的监督作用，对安全生产工作实现齐抓共管，这是预防事故和危害的最有效措施和保障。为保障煤炭企业安全生产，首先，国家出台了一系列有关煤矿安全生产的法律法规和政策，这些不仅要求煤矿企业自觉遵守，还需要各级党委、政府领导及安全监察、国土资源、公检法、纪检监察等多个部门乃至社会方方面面的参与才能确保落实。其次，煤矿安全工作的特殊性和复杂性是长期存在的，要实现煤矿安全生产的根本好转必须从文化、科技、责任、投入、法制等方面多管齐下，加强煤矿的全面建设。另外，煤矿企业还要坚持"管理、装备、培训"三并重的原则。"管理、装备、培训"三并重是我国煤矿安全生产在长期实践中总结出来的经验。严格、科学的管理，能有效地减少事故，保障安全生产。装备，是实施作业、创造安全环境的基本设施。先进的技术装备可以提高工作效率，也可以创造良好的安全作业环境。采用先进的技术装备是实现煤矿安全生产的基本条件。培训，能提高所有工作人员的整体素质，能确保先进设备的正确使用，能进行科学管理，最终有效地预防和避免煤矿事故的发生，实现煤矿企业的安全发展。

（二）煤矿工人安全生产权利及保障措施

为深化煤炭工业安全工作改革，促进煤炭工业实行两个根本性转变，全心全意依靠工人阶级，切实发挥煤矿职工对安全生产的监督作用，进一步保证煤矿安全生产，根据《劳动法》、《矿山安全法》、《煤炭法》的规定和煤矿的实际，国家煤炭部和全国总工会于 1996 年 10 月 15 日联合下发了落实煤矿工人行使安全生产权利的通知。通知包括两方面内容：一是煤矿工人安全生产的十项权利；二是保障职工行使安全生产权利的七项措施。

1. 煤矿工人安全生产十项权利

（1）参与安全生产管理权。通过职工大会、职工代表大会，煤矿工人有权参与企业有关安全生产规划、管理制度、管理办法、安全技术措施和规章的制定；对不符合党和国家安全生产方针和法律法规规定的规章、制度，有权提出修改意见。

（2）安全生产监督权。职工有权对企业贯彻、执行党和国家安全生产方针情况，有关安全生产法规、安全生产管理制度执行情况，管理干部安全行为，作业现场安全情况，安全技术措施专项费用使用情况进行监督。

（3）安全生产知情权。职工有权了解企业安全情况，作业现场安全状况；有权了解作业规程和安全技术措施制定执行情况；有权要求班前讲安全及安全生产注意事项；有权要求交接班时交代作业地点安全情况；进入工作面前，有权要求跟班干部或带班班长检查工作面，制定具体安全措施。

（4）参与事故隐患整改权　职工发现事故隐患，有权要求有关部门组织整改，并积极提出整改措施、建议和参与整改。

（5）不安全状况停止作业权。当作业现场发现重大事故隐患，可能危及工人生命安全并无法及时排除时，工人有权停止作业。

（6）接受安全教育培训权。工人未经安全培训、教育，特殊工种作业人员未取得操作资格证书，有权拒绝上岗作业。

（7）抵制违章指挥权。干部违章指挥，工人有权拒绝执行；违章操作，工人有权制止；跟班干部擅离工作岗位，工人有权向有关方面报告。

（8）紧急避险权。在生产过程中，出现重大事故隐患并危及生命安全的情况下，工人有权采取紧急避险措施。

（9）反映举报权。工人有权向煤矿企业和煤炭管理部门、工会组织举报违反有关安全生产法律、法规、制度的行为；有权检举违章指挥、违章操作者；有权反映作业现场的安全管理情况和不安全因素。

（10）投诉上告权。在进行安全生产监督检查时，如果受到打击报复和迫害，工人有权向上级或政府有关部门、工会组织投诉和控告，工人有权对忽视安全、玩忽职守造成事故的责任者进行检举，工人有权对隐瞒事故的单位和责任者提出控告。

2. 保障职工行使安全生产权利的七项措施

（1）各级煤炭管理部门和煤矿企业要充分认识保障职工安全生产监督权利的重要意义，切实树立全心全意依靠工人阶级的思想，充分发挥职工群众对安全生产的监督检查作用，广泛听取群众意见，积极采纳合理化建议。

（2）煤矿企业的领导要定期向职工代表大会或职工大会报告安全生产工作，向职工讲解安全情况；按规定对职工进行安全教育、培训。

（3）煤矿企业在制定企业安全规划、规章制度、安全措施时，要认真听取职工代表的意见，保障职工参与安全管理的权利。

（4）要制定奖励政策，鼓励煤矿职工积极行使安全生产权利。对在安全生产中作出贡献，敢于同违章违纪作斗争，积极为安全生产出主意、想办法、提建议的职工要给予表彰奖励，并定期评选煤矿职工安全生产监督积极分子。

（5）对职工正当行使安全生产权利要给予保护；对职工反映的安全生产问题要高度重视，尽快解决；对职工的合理化建议要积极采纳；对侵害职工安全生产权利、搞打击报复的人或事要严肃处理；对职工提出的安全问题不及时解决而造成事故的，要追查责任。

（6）煤矿职工因行使安全生产权利而影响工作时，不得扣发其工资和给予处分，由此造成的停工、停产损失，应由责任者负责。

（7）煤矿工会组织要依法维护职工安全生产权利，并组织职工对安全生产进行监督；对违章指挥、强令职工冒险作业的行为要坚决制止；发现危及职工生命安全的情况时，要及时建议组织职工撤离危险现场。

**二、煤矿安全生产的相关法律法规**

（一）《安全生产法》

《安全生产法》是在党中央、全国人大和国务院领导下制定的一部"生命法"。九届人大常委会第二十八次会议于 2002 年 6 月 29 日审议通过，自 2002 年 11 月 1 日施行。这是安全生产的基本大法、母法，它的公布实施是我国安全生产法制建设的重要里程碑。

1. 《安全生产法》的立法目的和适用范围

为了加强安全生产监督管理，防止和减少生产安全事故，保障人民群众生命和财产安全，促进经济发展，制定本法。其适用范围是：中华人民共和国领域内从事生产经营活动的所有单位（以下统称生产经营单位）。

2. 《安全生产法》的主要内容

《安全生产法》共 7 章 97 条。包括总则、生产经营单位的安全生产保障、从业人员的权利和义务、安全生产的监督管理、生产安全事故的应急救援与调查处理、法律责任、附则等内容。

第一章总则共 15 条。主要内容涉及本法的立法目的、适用范围、安全生产管理的方针、制定安全生产的国家标准或者行业标准的主体等。

第二章生产经营单位的安全生产保障共 28 条。主要内容涉及生产经营单位从事生产经营活动应具备的安全生产条件，主要负责人对本单位安全生产工作应负的职责，安全生产管理机构的设置、安全生产管理服务的提供及人员的能力要求，生产经营单位对承包单位的安全生产管理要求，生产经营单位在发生重大生产安全事故时，单位主要负责人的职责等。

第三章从业人员的权利和义务共9条。主要内容涉及从业人员的权利,即知情权、建议权、批评权、检举权、控告权、拒绝权、安全保障权、社会保障权、赔偿请求权;从业人员的义务,即应遵章守规服从管理的义务,服从管理的义务,接受安全生产教育和培训的义务,发现不安全因素立即报告的义务。

第四章安全生产的监督管理共15条。主要内容涉及安全生产监督管理体制,安全生产监督管理的举报制度,监察部门的职权,负有安全生产监督管理职责部门的职权。

第五章生产安全事故的应急救援与调查处理共9条。主要内容涉及应急救援体系,应急救援组织建立的主体,地方政府在应急救援中的职责,生产经营单位的负责人、安全生产监督管理部门的职责,事故调查处理的依据和要求,单位和个人在生产安全事故应急救援和调查处理中的义务。

第六章法律责任共19条。主要内容涉及国务院安全生产监督管理部门的责任,县级以上地方各级人民政府安全生产监督管理部门的责任,生产、经营和储存危险物品的条件及违法责任,生产经营单位和从业人员的法律责任,中介组织机构的责任。

第七章附则共2条。主要内容有本法用语,危险物品和重大危险源的定义,本法的实施时间。

(二)《中华人民共和国煤炭法》

《中华人民共和国煤炭法》(以下简称《煤炭法》)于1996年8月29日经第八届全国人民代表大会常务委员会第21次会议审议通过,自1996年12月1日起施行。

1.《煤炭法》的立法目的

《煤炭法》总则第一条指出:为了合理开发利用和保护煤炭资源,规范煤炭生产、经营活动,促进和保障煤炭行业的发展,制定本法。

2.《煤炭法》中涉及安全生产的主要内容

《煤炭法》包括总则(13条)、煤炭生产开发规划与煤矿建设(8条)、煤炭生产与煤矿安全(24条)、煤炭经营(12条)、煤矿矿区保护(5条)、监督检查（4条）、法律责任（14条）、附则（1条），共8章81条。

第一章总则。主要内容涉及本法的立法目的、适用范围、煤炭资源国家所有、煤炭开发方针、国家保护煤炭资源、禁止乱采滥挖、国家保障投资者合法权益、国家对乡镇煤矿的十字方针、安全生产方针、煤矿工人劳动保护、煤矿科技政策、经营管理、矿区保护、环境保护及行业主管部门和监督部门等根本规定。

第三章煤炭生产与煤矿安全。主要内容涉及煤炭生产许可证的有关规定，煤矿生产的保护性开采、开采顺序、采出率、产品质量监督、越界、越层开采、复垦、煤炭综合利用和煤矿的多种经营等有关煤矿生产的规定，煤矿安全监督、责任制、安全教育与安全培训、工会对安全的职责、劳动保护、安全器材及装备等有关煤矿安全的规定。

第八章附则。规定了本法开始实施的日期为1996年12月1日。

3.《煤炭法》涉及的安全生产法律制度

《煤炭法》核心规定了我国煤炭工业的9项法律制度，涉及安全生产的有以下3项：

（1）安全管理制度。第一章第7条规定了安全生产方针、安全责任制和群防群治制度。第三章明确了各级政府煤炭管理部门及有关部门的职责、局矿长负责制、各级安全生产责任制，以及对安全教育和培训、紧急避险、工会对安全的监督、煤矿工人保护等做了一系列规定，与《中华人民共和国矿山安全法》相衔接。

（2）矿工特殊保护制度。第一章第8条规定了加强劳动保护、保障职工安全与健康、对井下煤矿工人采取特殊保护的方针。第三章第43和第44条规定，煤矿企业必须提供劳动保护用品，对井下作业的职工办理意外伤害保险。

（3）监督管理制度。第三章第37条规定，各级政府的煤炭管理部门及有关部门对煤矿安全生产监督管理。

（三）《中华人民共和国矿山安全法》

1992年11月7日经第七届全国人民代表大会常务委员会第28次会议审

议通过《中华人民共和国矿山安全法》（以下简称《矿山安全法》），自1993年5月1日起施行。这是我国新中国成立43年来第一部矿山安全法，它是我国各类矿山从事开采活动的一部最重要的法律。

1.《矿山安全法》的立法目的

防止矿山事故，保障矿山职工在劳动过程中的安全与健康是党和国家的一贯要求。制定《矿山安全法》从总体上来说就是为了把几十年来科学的矿山安全生产技术措施、有效的矿山安全管理方法和用血的教训换来的矿山安全生产实践经验等，用法律的形式固定下来，进一步运用法律手段明确矿山企业在安全生产方面应尽的义务，明确矿山安全管理的监督职责及法律责任，保障矿山企业生产的顺利进行。正如《矿山安全法》第一条指出的：制定《矿山安全法》就是"为了保障矿山生产安全，防止矿山事故，保护矿山职工人身安全，促进采矿工业的发展"。

2.《矿山安全法》的主要内容

《矿山安全法》共8章50条。

第一章总则共6条。主要说明矿山安全法制定的目的、适用范围、矿山企业必备条件，并规定了劳动行政主管部门对矿山安全工作实行统一的监督、矿山企业的主管部门对矿山安全进行具体管理。总则还规定国家鼓励矿山安全科学技术研究，推广先进技术，改进安全设施和提高矿山安全水平，以及对从事安全工作人员和单位进行奖励。

第二章矿山建设的安全保障共6条。主要规定矿山基本建设的安全设施和设计必须符合矿山安全规程和行业技术规范，同时规定了由劳动行政主管部门负责审查。规定每个矿井必须有两个以上安全出口，以及必须有与外界联系的通信系统和符合安全要求的运输系统。此外还规定了对矿山工程设计、施工的审批和竣工的验收制度。

第三章矿山开采的安全保障共7条。主要是对矿井开采作业的安全规定，如保安煤柱问题，对矿山特殊安全要求的设备、器材的规定，对机电设备及其安全装置的检查维修的规定，对有毒有害物质及含氧量的规定，对各种事故隐患和有可能引起的各种危害采取预防措施的规定等。

第四章矿山企业的安全管理共 13 条。主要是对矿山安全管理作出的各项规定，如建立健全安全责任制，职代会的作用，矿山职工对安全的义务和权利，工会在安全方面的工作和要求，矿山职工的安全教育和培训。此外还规定了劳保用品的发放，未成年工、女职工不得下井，矿山企业必须制定矿山事故的防范措施，建立救护和医疗组织及从矿产品销售中提取安全技措费用。

第五章矿山安全监督和管理共 3 条。主要规定了县级以上各级人民政府劳动行政主管部门对安全工作行使监督职责，以及县级以上各级人民政府管理矿山企业的主管部门对矿山安全行使管理职责。劳动行政主管部门的安全监督人员有权进入矿山企业检查安全状况和对紧急险情向矿方提出停产立即处理的权力。第 34 条明确规定，管理矿山的行业主管部门负责对矿长和安全工作人员的培训工作。

第六章矿山事故处理共 4 条。主要规定了矿山事故的抢救、报告、调查和处理制度，以及对伤亡人员的抚恤和补偿、事故现场恢复生产的前提和要求。

第七章法律责任共 9 条。规定了对违反本法的各种行政处罚和行政处分及刑事处理，如罚款、责令改正、责令限期改正、吊销采矿许可证和营业执照直至追究刑事责任。当事人对行政处罚决定不服可申请复议，直至向人民法院起诉。对重大责任事故罪和玩忽职守罪也做了明确的规定。

第八章附则共 2 条。规定由劳动行政主管部门为本法制定实施条例，报国务院批准施行。同时规定本法自 1993 年 5 月 1 日起施行。

（四）《煤矿安全监察条例》

1999 年 12 月 30 日，国务院下发《国务院办公厅关于印发煤矿安全监察体制改革方案的通知》（国办发［1999］104 号文），决定设立国家煤矿安全监察局，建立煤矿安全监察体制。2000 年 11 月 7 日颁布《煤矿安全监察条例》，自 2000 年 12 月 1 日施行。该条例确立了煤矿安全监察机构及煤矿安全监察人员的地位。煤矿安全监察机构依法行使职权，不受任何组织和个人的非法干涉，煤矿及其有关人员必须接受并配合煤矿安全监察机构依法实施的安全监察，不得拒绝、阻挠。

其主要内容包括煤矿安全监察体制和煤矿安全监察制度两个方面。

1. 煤矿安全监察体制

（1）煤矿安全监察机构。

（2）煤矿安全监察机构的职责。

（3）煤矿安全监察机构及其煤矿安全监察人员的权力。

2. 煤矿安全监察制度

《煤矿安全监察条例》主要规定了7项监察工作制度：

（1）煤矿安全监察员管理制度。

（2）煤矿建设工程安全设施设计审查和验收制度。

（3）煤矿安全生产监督检查制度。

（4）煤矿事故报告与调查处理制度。

（5）煤矿安全监察信息与档案管理制度。

（6）煤矿安全监察监督约束制度。

（7）煤矿安全监察行政处罚制度。

（五）《国务院关于预防煤矿生产安全事故的特别规定》

《国务院关于预防煤矿生产安全事故的特别规定》（以下简称《特别规定》）于2005年8月31日国务院第104次常务会议通过，中华人民共和国国务院令第446号于2005年9月3日公布，自公布之日起施行。《特别规定》共28条。制定本规定的主要目的是为了及时发现并排除煤矿安全生产隐患，落实煤矿安全生产责任，预防煤矿生产安全事故发生，保障职工的生命安全和煤矿安全生产。

《特别规定》实行了更加严格的制度和更加严厉的措施。

（1）进一步明确规定必须立即停产的重大安全事故隐患。凡存在容易引发煤矿安全事故重大隐患的，应当立即停止生产，排除隐患；如继续非法生产，一经发现，要给予严厉处罚。

（2）进一步明确规定强化煤矿停产关闭整顿的措施。对被责令停产整顿的煤矿要暂扣有关证照，经整顿验收合格方可恢复生产，验收不合格的要予以关闭。对关闭煤矿要吊销证照。

（3）进一步明确规定预防煤矿重大生产安全事故的具体制度和措施。对井下工作人员必须进行安全生产教育、培训，未经教育培训或经教育培训不合格的人员，不得下井作业；煤矿企业负责人和生产经营管理人员要轮流带班下井。

（4）进一步明确规定煤矿企业在预防煤矿生产安全事故中的主体责任。煤矿企业负责人对预防煤矿生产事故负主要责任；对不履行安全生产义务的企业负责人，要给予罚款、吊销资格证书、治安处罚乃至依法追究刑事责任。

（5）进一步明确规定地方政府和有关部门应当建立和落实预防煤矿生产安全事故的责任制。

（六）《生产安全事故报告和调查处理条例》

《生产安全事故报告和调查处理条例》（以下简称《条例》）于 2007 年 3 月 28 日国务院第 172 次常务会议通过，中华人民共和国国务院令第 493 号予以公布，自 2007 年 6 月 1 日起施行。

1.《条例》的制定目的和适用范围

为了规范生产安全事故的报告和调查处理，落实生产安全事故责任追究制度，防止和减少生产安全事故，根据《安全生产法》和有关法律，制定本条例。

生产经营活动中发生的造成人身伤亡或者直接经济损失的生产安全事故的报告和调查处理，适用本条例；环境污染事故、核设施事故、国防科研生产事故的报告和调查处理不适用本条例。

2.《条例》的主要内容

《条例》共 6 章 46 条。

第一章总则共 8 条。主要规定了本条例的立法目的、适用范围、生产安全事故的分级、事故报告的总体要求、事故调查处理应当遵循的原则及事故调查处理的内容和任务，有关人民政府在事故调查处理工作中的职责、工会在事故调查处理中的作用，以及对事故报告和调查处理中的违法行为的举报制度等内容。

第二章事故报告共 10 条。主要规定了事故报告的主体、事故报告的原则、事故报告的程序、事故报告的时限、事故报告的内容，以及事故的补报，接到事故报告后采取的措施、事故现场保护、公安机关、安全监管部门和有关部门的职责等内容。

第三章事故调查共 13 条。是本条例最关键的一章，重点规定了事故调查权、事故调查组的组成、事故调查组成员具备的资格条件、事故调查组的职责、事故调查组的权利义务、事故调查的时限和事故调查报告的内容等。

第四章事故处理共 3 条。是关于事故调查报告的批复主体、批复时限及批复如何落实的规定。

第五章法律共 9 条。是关于事故发生单位及主要负责人和有关人员在事故发生后的有关违法行为应当承担的法律责任的规定。

第六章附则共 3 条。对《条例》适用范围的补充规定，特别重大事故以下等级事故的报告和调查处理的衔接性规定，废除了两个原来的事故调查条例。

（七）《煤矿安全规程》

新中国成立以来随着煤炭安全生产和安全科学理论的发展，积累了大量的安全生产经验和血的教训，《煤矿安全规程》（以下简称《规程》）也不断地得以修订和完善。从第一部煤矿规程——《煤矿技术保安试行规程》（草案）的制订到对 2004 年版《煤矿安全规程》第二次修改，先后经历了 11 次修改。

2001 年 9 月 28 日，国家煤矿安全监察局颁布了第八部《煤矿安全规程》，自 2001 年 11 月 1 日施行。《煤矿安全规程》将 1992 年颁布的《煤矿安全规程》、1993 年颁布的《煤矿安全规程》（露天部分）和 1996 年颁布的《小煤矿安全规程》合并，分为第一编总则，第二编井工部分，第三编露天部分，

第四编职业危害和附则，共751条。2004年10月18日，国家安全生产监督管理局（国家煤矿安全监察局）局务会议审议通过了第九部《煤矿安全规程》，自2005年1月1日起施行。2006年9月26日，对2004年版的《煤矿安全规程》第一次修订，这次修订主要是对放顶煤开采技术和矿井安全监控装备有关规定进行了补充和完善，自2007年1月1日施行。2009年4月22日对2004年版的《煤矿安全规程》第二次修订，也是对《煤矿安全规程》的第11次修订。这次主要是对第一百二十八条、第一百二十九条、第四百四十一条、第四百四十二条进行了补充和完善，自2009年7月1日施行。

1. 《规程》的性质和特点

《规程》是煤矿安全法规群体中一部最重要的安全技术法规。是煤矿安全管理、特别是安全技术上的总规定，是煤矿职工从事生产和指挥生产的最具体的行为规范，也是煤炭工业贯彻执行党和国家安全生产方针及国家有关安全生产法律体现在煤矿的具体规定，是保障煤矿职工安全与健康、保护国家资源和财产不受损失、促进煤炭工业现代化建设必须遵循的准则；《规程》是长期煤炭生产经验和科学研究成果的总结，是广大煤炭职工智慧的结晶，也是煤矿职工用鲜血和泪水换来的。

《规程》有以下特点：

（1）强制性。违反本《规程》要视情节或后果给予经济和行政处分。造成重大事故和严重后果者要按有关法律和法规规定追究行政责任和刑事责任。由特定的行政机关和司法机关强制执行。

（2）科学性。《规程》的每一项规定都是经验总结，都是以科学实验为依据，科学并准确地对煤矿的各种行为作出了规定。

（3）规范性。《规程》的每一条规定都是在某种特定条件下可以普遍适用的行为规则，它明确规定了煤矿生产建设中哪些行为被禁止，哪些行为被允许。

（4）稳定性。《规程》一旦颁布执行，不得随时修改，有一段相对的稳定性。经过一段实践，按一定的程序由国务院煤炭企业的主管部门负责修改。

2.《规程》的主要内容

《规程》的内容共4编，751条。

第一编总则，共14条。明确制定《规程》的依据为《煤炭法》、《矿山安全法》和《煤矿安全监察条例》。《规程》的适用范围是在中国领域内从事煤炭生产和煤矿建设的活动。煤矿企业必须遵守国家有关安全生产的法律、法规、规章、规程、标准和技术规范；必须建立健全安全生产有关的规章制度；必须设置安全生产机构，配备适应工作需要的安全生产人员和装备；必须对职工进行安全培训；必须使用经过安全检验并取得煤矿矿用产品安全标志的涉及安全生产的产品；必须编制年度灾害预防和处理计划，必须填绘有关图纸。职工有权制止违章作业，拒绝违章指挥；当工作地点出现险情时，有权立即停止作业，撤到安全地点；当险情没有得到处理不能保证人身安全时，有权拒绝作业。

第二编井工部分，共10章，519条。《煤矿安全规程》内容最多的部分，也是最重要的部分。它对井工煤矿的开采、"一通三防"管理、提升运输、机电管理、爆破作业等各个环节所有涉及安全生产的行为进行了全面的规范。第一章开采共85条。包括开采的一般规定，井巷掘进和支护，回采和顶板控制，采掘机械，建（构）筑物下、铁路下、水体下开采，防止坠落等内容。第二章通风和瓦斯、粉尘防治，共57条。包括通风、瓦斯防治、粉尘防治等内容。第三章通风安全监控，共19条。包括通风安全监控的一般规定，通风安全监控设备的安装、使用和维护，甲烷传感器和其他传感设备的设置等内容。第四章煤（岩）与瓦斯（二氧化碳）突出防治，共39条。包括煤（岩）与瓦斯（二氧化碳）突出防治的一般规定、煤层突出危险性预测和防治突出措施效果检验、区域性防突出措施、局部防治突出措施、安全防护措施等内容。第五章防灭火，共36条。包括防灭火的一般规定、井下火灾防治、井下火区管理等内容。第六章防治水，共44条。包括防治水的一般规定、地面防治水、井下防治水、井下排水、探放水等内容。第七章爆炸材料和井下爆破，共52条。包括爆炸材料储存、爆炸材料运输、井下爆破等内容。第八章运输、提升和空气压缩机，共93条。包括平巷和倾斜井巷运输、立井提升、钢丝绳和连接装置、提升装置、空气压缩机等内容。第九章电气，共 52 条。包括电气的一般规定，电气设备和保护，井下机电设备硐室，井下电缆，照明、通信和信号，井下电气设备保护接地，井下电气设备、电缆的检查、维护和调整等内容。第十章煤矿救护，共 42 条。包括煤矿救护的一般规定、救护指战员、救护装备与设施、抢救指挥、灾变处理等内容。

第三编露天部分，共 8 章，204 条。《规程》的重要部分，它对露天煤矿的采剥、运输、排土、滑坡防治、电气等各个环节的安全生产行为进行了全面的规范。第一章一般规定，共 14 条。第二章采剥，共 40 条。包括台阶、穿孔、爆破、采装等内容。第三章运输，共 43 条。包括铁路运输、汽车运输、带式输送机运输等内容。第四章排土，共 10 条。第五章滑坡防治，共 7 条。第六章防治水和防灭火，共 9 条。第七章电气，共 75 条。包括电气的一般规定，变电所（站）和配电设备，架空输电线和电缆，电气牵引，电气设备保护和接地，照明、通信和信号，电气设备操作、维护和调整，爆炸材料库和炸药加工区安全配电等内容。第八章设备检修，共 6 条。

第四编职业危害，共 2 章、13 条。第一章管理和监测，共 6 条。第二章健康监护，共 7 条。主要对煤矿的职业危害的防治和管理作出一般性的规定，同时，对职工健康监护作出相应的规定。

附则共 1 条。实施时间及说明。

（八）《矿山安全法实施条例》

1996 年 10 月 11 日经国务院批准由劳动部颁布的《矿山安全实施条例》共 8 章 59 条，内容包括总则、矿山建设的安全保障、矿山开采的安全保障、矿山企业的安全管理、矿山安全的监督和管理、矿山事故处理、法律责任和附则。

## 【讨论与思考】

1. 如何理解煤矿安全生产方针？
2. 煤矿工人安全生产的十项权利和七项保证措施是什么？

# 第二节　矿山安全标志

矿山安全标志按使用功能分为禁止标志，警告标志，指令标志，路标、名牌、提示标志，指导标志等五大类。

1. 禁止标志

禁止或制止人们某种行为的标志。有"禁带烟火"、"严禁酒后入井（坑）"、"禁止明火作业"、"禁止启动"等16种标志，见表7-1。

表7-1　禁　止　标　志

| 序号 | 符　号 | 标志名称 | 标志设置的地点 |
| --- | --- | --- | --- |
| 1 | | 禁带烟火 | 禁止烟火地点 |
| 2 | | 严禁酒后入井（坑） | 有人出入的井口和矿坑 |
| 3 | | 禁止明火作业 | 禁止明火作业地点 |

表 7 - 1 （续）

| 序号 | 符　　号 | 标志名称 | 标志设置的地点 |
|------|----------|----------|----------------|
| 4 | | 禁止启动 | 不允许启动地机电设备 |
| 5 | | 禁止合闸 | 变电室、移动电源、开关停电等 |
| 6 | | 禁止扒乘矿车 | 运输大巷交叉口、乘车场、扒车事故多发地段 |
| 7 | | 禁止乘输送带 | 禁止乘人的带式输送机，每隔50m 设一个 |

表7-1（续）

| 序号 | 符　号 | 标志名称 | 标志设置的地点 |
|------|--------|----------|----------------|
| 8 | | 禁止车间乘人 | 斜井、平巷运人列车站、串车提升斜井上下口 |
| 9 | | 禁止乘人登钩 | 串车提升斜井上下口 |
| 10 | | 禁止跨输送带 | 链板、胶带、钢丝绳牵引运输不许跨越的地方 |
| 11 | | 禁止攀牵线缆 | 设在敷有电缆信号线等巷道内 |

表 7 - 1 (续)

| 序号 | 符 号 | 标志名称 | 标志设置的地点 |
|------|-------|----------|----------------|
| 12 | | 禁止料罐乘人 | 设在开凿立井井口处 |
| 13 | | 禁止入内 | 封闭火区、瓦斯区、盲巷、废弃巷道及禁止入内地点 |
| 14 | | 禁止通行 | 井下危险区、爆破警戒处, 不兼作行人的绞车道、材料道及禁止行人的通道口等 |
| 15 | | 禁止停车 | 禁止停车处 |

表7-1（续）

| 序号 | 符　号 | 标志名称 | 标志设置的地点 |
|---|---|---|---|
| 16 | | 禁止入内 | 线路终点和禁止机车驶入地段 |

2. 警告标志

警告人们可能发生危险的标志。有"注意安全"、"当心火灾"、"当心冒顶"等16种标志，见表7-2。

表7-2　警告标志

| 序号 | 符　号 | 标志名称 | 标志设置的地点 |
|---|---|---|---|
| 1 | | 注意安全 | 提醒人们注意安全的地点 |
| 2 | | 当心瓦斯 | 瓦斯积聚地段、盲巷口、瓦斯钻场、巷道冒落的高处 |

表 7-2（续）

| 序号 | 符　号 | 标志名称 | 标志设置的地点 |
|---|---|---|---|
| 3 | | 当心冒顶 | 冒顶危险区、巷道维修地段 |
| 4 | | 当心火灾 | 仓库、爆破材料库、油库、带式输送机、充电和有发火预兆的地区 |
| 5 | | 当心水灾 | 有透水或水患地区 |
| 6 | | 当心突出 | 有突出危险的地区 |
| 7 | | 当心有害气体中毒 | 井下 $CO$、$H_2S$、$NO_x$ 等有害气体危险地区、露天矿深部通风不良的火区 |

表7-2（续）

| 序号 | 符　号 | 标志名称 | 标志设置的地点 |
|---|---|---|---|
| 8 | | 当心爆炸 | 爆破材料库、运送火药、雷管的容器和设备上 |
| 9 | | 当心触电 | 有触电危险的部位 |
| 10 | | 当心坠落 | 建井施工、井筒维修及高空作业处 |
| 11 | | 当心坠入溜井 | 溜煤眼、溜矿井、溜矿仓 |
| 12 | | 当心片帮滑坡 | 有片帮滑坡危险地段 |

表 7-2 （续）

| 序号 | 符　号 | 标志名称 | 标志设置的地点 |
|---|---|---|---|
| 13 | | 当心矿车行驶 | 兼行人的倾斜运输巷道内 |
| 14 | | 当心列车通过 | 行人巷道与运输巷道交叉处 |
| 15 | | 当心交叉道口 | 巷道交叉处 |
| 16 | | 当心弯道 | 弯道处 |

### 3. 指令标志

指示人们必须遵守某种规定的标志。有"必须携带矿灯"、"必须携带自救器"、"必须戴矿工帽"等9种标志，见表7-3。

表7-3 指 令 标 志

| 序号 | 符 号 | 标志名称 | 标志设置的地点 |
|---|---|---|---|
| 1 | | 必须戴矿工帽 | 人员出入井口、更衣房、矿灯房等醒目地方 |
| 2 | | 必须携带矿灯 | 人员出入井口、更衣房、矿灯房等醒目地方 |
| 3 | | 必须带自救器 | 人员出入井口、更衣房、领自救器房等醒目地方 |
| 4 | | 必须戴绝缘保护用品 | 设在高压电器设备室内 |

表 7-3（续）

| 序号 | 符　号 | 标志名称 | 标志设置的地点 |
|---|---|---|---|
| 5 | | 必须系安全带 | 建井施工处、高空作业、井筒检修地点 |
| 6 | | 必须戴防尘口罩 | 打眼施工、爆破区 |
| 7 | | 必须桥上通过 | 设有人行桥的地方 |
| 8 | | 走人行道 | 设在人行道两端 |

表7-3（续）

| 序号 | 符　号 | 标志名称 | 标志设置的地点 |
|---|---|---|---|
| 9 | | 鸣笛 | 机车通过巷道交叉处、道岔口和弯道前 20~30m 鸣笛处 |

4. 路标、名牌、提示标志

告诉人们目标、方向、地点的标志。有"安全出口"、"爆破警戒线"、"急救站"等 12 种标志，见表 7-4。

表7-4　路标、名牌、提示标志

| 序号 | 符　号 | 标志名称 | 标志设置的地点 |
|---|---|---|---|
| 1 | | 安全出口 | 设在矿井采区安全出口路线上间隔 100m 和改变方向处 |
| 2 | | 电话 | 通往电话的通道上 |

表 7-4（续）

| 序号 | 符　　号 | 标志名称 | 标志设置的地点 |
|---|---|---|---|
| 3 | | 躲避硐 | 躲避硐上方 |
| 4 | | 急救站 | 通往急救站通道上 |
| 5 | | 爆破警戒线 | 爆破警戒线处 |
| 6 | | 危险区 | 井下火灾、瓦斯、水患等危险区附近 |

表7-4（续）

| 序号 | 符号 | 标志名称 | 标志设置的地点 |
|---|---|---|---|
| 7 | 沉陷区 ← | 沉陷区 | 地表沉陷滑落区 |
| 8 | 前方慢行 ← | 前方慢行 | 风门、交叉道口、弯道、车场、翻罐等须减速慢行地点 |
| 9 | 入风巷道 ← | 入风巷道 | 入风巷道 |
| 10 | 回风巷道 ← | 回风巷道 | 回风巷道 |

表 7 - 4（续）

| 序号 | 符　号 | 标志名称 | 标志设置的地点 |
|---|---|---|---|
| 11 | 正在检修<br><br>不准送电 | 指示牌 | 根据需要自行写字、自行设置 |
| 12 | ←　××水平　→<br>××石门　××石门　××石门 | 路标 | 自行设置 |

**5. 指导标志**

提高人们思想意识的标志。有"安全生产指导标志"和"劳动卫生指导标志"两种标志。

表 7 - 5　指　导　标　志

| 序号 | 符　号 | 标志名称 | 标志设置的地点 |
|---|---|---|---|
| 1 | 安全第一　预防为主 | 安全生产指导标志 | 提高安全生产意识、加强安全生产教育场所、悬挂在庭院旗杆上或高层建筑屋顶上 |

表 7-5（续）

| 序号 | 符　　号 | 标 志 名 称 | 标志设置的地点 |
|---|---|---|---|
| 2 | 注意卫生　文明生产 | 劳动卫生指导标志 | 提高劳动卫生意识、加强劳动卫生教育场所、悬挂在庭院旗杆上或高层建筑屋顶上 |

## 【讨论与思考】

　　1. 矿山安全标志分为哪几类?

　　2. 矿山禁止标志有哪些?

# 附录 1 中华人民共和国安全生产法（节选）

**目录**

## 第一章 总 则

……

第四条 生产经营单位必须遵守本法和其他有关安全生产的法律、法规，加强安全生产管理，建立、健全安全生产责任制度，完善安全生产条件，确保安全生产。

第五条 生产经营单位的主要负责人对本单位的安全生产工作全面负责。

第六条 生产经营单位的从业人员有依法获得安全生产保障的权利，并应当依法履行安全生产方面的义务。

第七条 工会依法组织职工参加本单位安全生产工作的民主管理和民主监督，维护职工在安全生产方面的合法权益。

……

## 第二章  生产经营单位的安全生产保障

第十六条  生产经营单位应当具备本法和有关法律、行政法规和国家标准或者行业标准规定的安全生产条件；不具备安全生产条件的，不得从事生产经营活动。

第十七条  生产经营单位的主要负责人对本单位安全生产工作负有下列职责：

（一）建立、健全本单位安全生产责任制；

（二）组织制定本单位安全生产规章制度和操作规程；

（三）保证本单位安全生产投入的有效实施；

（四）督促、检查本单位的安全生产工作，及时消除生产安全事故隐患；

（五）组织制定并实施本单位的生产安全事故应急救援预案；

（六）及时、如实报告生产安全事故。

第十八条  生产经营单位应当具备的安全生产条件所必需的资金投入，由生产经营单位的决策机构、主要负责人或者个人经营的投资人予以保证，并对由于安全生产所必需的资金投入不足导致的后果承担责任。

第十九条  矿山、建筑施工单位和危险物品的生产、经营、储存单位，应当设置安全生产管理机构或者配备专职安全生产管理人员。

前款规定以外的其他生产经营单位，从业人员超过三百人的，应当设置安全生产管理机构或者配备专职安全生产管理人员；从业人员在三百人以下的，应当配备专职或者兼职的安全生产管理人员，或者委托具有国家规定的相关专业技术资格的工程技术人员提供安全生产管理服务。

生产经营单位依照前款规定委托工程技术人员提供安全生产管理服务的，保证安全生产的责任仍由本单位负责。

第二十条  生产经营单位的主要负责人和安全生产管理人员必须具备与本单位所从事的生产经营活动相应的安全生产知识和管理能力。

危险物品的生产、经营、储存单位以及矿山、建筑施工单位的主要负责人和安全生产管理人员，应当由有关主管部门对其安全生产知识和管理能力考核合格后方可任职。考核不得收费。

第二十一条　生产经营单位应当对从业人员进行安全生产教育和培训，保证从业人员具备必要的安全生产知识，熟悉有关的安全生产规章制度和安全操作规程，掌握本岗位的安全操作技能。未经安全生产教育和培训合格的从业人员，不得上岗作业。

第二十二条　生产经营单位采用新工艺、新技术、新材料或者使用新设备，必须了解、掌握其安全技术特性，采取有效的安全防护措施，并对从业人员进行专门的安全生产教育和培训。

第二十三条　生产经营单位的特种作业人员必须按照国家有关规定经专门的安全作业培训，取得特种作业操作资格证书，方可上岗作业。

特种作业人员的范围由国务院负责安全生产监督管理的部门会同国务院有关部门确定。

第二十四条　生产经营单位新建、改建、扩建工程项目（以下统称建设项目）的安全设施，必须与主体工程同时设计、同时施工、同时投入生产和使用。安全设施投资应当纳入建设项目概算。

第二十五条　矿山建设项目和用于生产、储存危险物品的建设项目，应当分别按照国家有关规定进行安全条件论证和安全评价。

第二十六条　建设项目安全设施的设计人、设计单位应当对安全设施设计负责。

矿山建设项目和用于生产、储存危险物品的建设项目的安全设施设计应当按照国家有关规定报经有关部门审查，审查部门及其负责审查的人员对审查结果负责。

第二十七条　矿山建设项目和用于生产、储存危险物品的建设项目的施工单位必须按照批准的安全设施设计施工，并对安全设施的工程质量负责。

矿山建设项目和用于生产、储存危险物品的建设项目竣工投入生产或者使用前，必须依照有关法律、行政法规的规定对安全设施进行验收；验收合格后，方可投入生产和使用。验收部门及其验收人员对验收结果负责。

第二十八条　生产经营单位应当在有较大危险因素的生产经营场所和有关设施、设备上，设置明显的安全警示标志。

第二十九条　安全设备的设计、制造、安装、使用、检测、维修、改造和报废，应当符合国家标准或者行业标准。

生产经营单位必须对安全设备进行经常性维护、保养，并定期检测，保证正常运转。维护、保养、检测应当做好记录，并由有关人员签字。

第三十条　生产经营单位使用的涉及生命安全、危险性较大的特种设备，以及危险物品的容器、运输工具，必须按照国家有关规定，由专业生产单位生产，并经取得专业资质的检测、检验机构检测、检验合格，取得安全使用证或者安全标志，方可投入使用。检测、检验机构对检测、检验结果负责。

涉及生命安全、危险性较大的特种设备的目录由国务院负责特种设备安全监督管理的部门制定，报国务院批准后执行。

第三十一条　国家对严重危及生产安全的工艺、设备实行淘汰制度。

生产经营单位不得使用国家明令淘汰、禁止使用的危及生产安全的工艺、设备。

第三十二条　生产、经营、运输、储存、使用危险物品或者处置废弃危险物品的，由有关主管部门依照有关法律、法规的规定和国家标准或者行业标准审批并实施监督管理。

生产经营单位生产、经营、运输、储存、使用危险物品或者处置废弃危险物品，必须执行有关法律、法规和国家标准或者行业标准，建立专门的安全管理制度，采取可靠的安全措施，接受有关主管部门依法实施的监督管理。

第三十三条　生产经营单位对重大危险源应当登记建档，进行定期检测、评估、监控，并制定应急预案，告知从业人员和相关人员在紧急情况下应当采取的应急措施。

生产经营单位应当按照国家有关规定将本单位重大危险源及有关安全措施、应急措施报有关地方人民政府负责安全生产监督管理的部门和有关部门备案。

第三十四条 生产、经营、储存、使用危险物品的车间、商店、仓库不得与员工宿舍在同一座建筑物内，并应当与员工宿舍保持安全距离。

生产经营场所和员工宿舍应当设有符合紧急疏散要求、标志明显、保持畅通的出口。禁止封闭、堵塞生产经营场所或者员工宿舍的出口。

第三十五条 生产经营单位进行爆破、吊装等危险作业，应当安排专门人员进行现场安全管理，确保操作规程的遵守和安全措施的落实。

第三十六条 生产经营单位应当教育和督促从业人员严格执行本单位的安全生产规章制度和安全操作规程；并向从业人员如实告知作业场所和工作岗位存在的危险因素、防范措施以及事故应急措施。

第三十七条 生产经营单位必须为从业人员提供符合国家标准或者行业标准的劳动防护用品，并监督、教育从业人员按照使用规则佩戴、使用。

第三十八条 生产经营单位的安全生产管理人员应当根据本单位的生产经营特点，对安全生产状况进行经常性检查；对检查中发现的安全问题，应当立即处理；不能处理的，应当及时报告本单位有关负责人。检查及处理情况应当记录在案。

第三十九条 生产经营单位应当安排用于配备劳动防护用品、进行安全生产培训的经费。

第四十条 两个以上生产经营单位在同一作业区域内进行生产经营活动，可能危及对方生产安全的，应当签订安全生产管理协议，明确各自的安全生产管理职责和应当采取的安全措施，并指定专职安全生产管理人员进行安全检查与协调。

第四十一条 生产经营单位不得将生产经营项目、场所、设备发包或者出租给不具备安全生产条件或者相应资质的单位或者个人。

生产经营项目、场所有多个承包单位、承租单位的，生产经营单位应当与承包单位、承租单位签订专门的安全生产管理协议，或者在承包合同、租赁合同中约定各自的安全生产管理职责；生产经营单位对承包单位、承租单位的安全生产工作统一协调、管理。

第四十二条　生产经营单位发生重大生产安全事故时，单位的主要负责人应当立即组织抢救，并不得在事故调查处理期间擅离职守。

第四十三条　生产经营单位必须依法参加工伤社会保险，为从业人员缴纳保险费。

## 第三章　从业人员的权利和义务

第四十四条　生产经营单位与从业人员订立的劳动合同，应当载明有关保障从业人员劳动安全、防止职业危害的事项，以及依法为从业人员办理工伤社会保险的事项。

生产经营单位不得以任何形式与从业人员订立协议，免除或者减轻其对从业人员因生产安全事故伤亡依法应承担的责任。

第四十五条　生产经营单位的从业人员有权了解其作业场所和工作岗位存在的危险因素、防范措施及事故应急措施，有权对本单位的安全生产工作提出建议。

第四十六条　从业人员有权对本单位安全生产工作中存在的问题提出批评、检举、控告；有权拒绝违章指挥和强令冒险作业。

生产经营单位不得因从业人员对本单位安全生产工作提出批评、检举、控告或者拒绝违章指挥、强令冒险作业而降低其工资、福利等待遇或者解除与其订立的劳动合同。

第四十七条　从业人员发现直接危及人身安全的紧急情况时，有权停止作业或者在采取可能的应急措施后撤离作业场所。

生产经营单位不得因从业人员在前款紧急情况下停止作业或者采取紧急撤离措施而降低其工资、福利等待遇或者解除与其订立的劳动合同。

第四十八条　因生产安全事故受到损害的从业人员，除依法享有工伤社会保险外，依照有关民事法律尚有获得赔偿的权利的，有权向本单位提出赔偿要求。

第四十九条　从业人员在作业过程中，应当严格遵守本单位的安全生产规章制度和操作规程，服从管理，正确佩戴和使用劳动防护用品。

第五十条　从业人员应当接受安全生产教育和培训，掌握本职工作所需的安全生产知识，提高安全生产技能，增强事故预防和应急处理能力。

第五十一条　从业人员发现事故隐患或者其他不安全因素，应当立即向现场安全生产管理人员或者本单位负责人报告；接到报告的人员应当及时予以处理。

第五十二条　工会有权对建设项目的安全设施与主体工程同时设计、同时施工、同时投入生产和使用进行监督，提出意见。

工会对生产经营单位违反安全生产法律、法规，侵犯从业人员合法权益的行为，有权要求纠正；发现生产经营单位违章指挥、强令冒险作业或者发现事故隐患时，有权提出解决的建议，生产经营单位应当及时研究答复；发现危及从业人员生命安全的情况时，有权向生产经营单位建议组织从业人员撤离危险场所，生产经营单位必须立即作出处理。

工会有权依法参加事故调查，向有关部门提出处理意见，并要求追究有关人员的责任。

......

## 第五章　生产安全事故的应急救援与调查处理

......

第七十条　生产经营单位发生生产安全事故后，事故现场有关人员应当立即报告本单位负责人。

单位负责人接到事故报告后，应当迅速采取有效措施，组织抢救，防止事故扩大，减少人员伤亡和财产损失，并按照国家有关规定立即如实报告当地负有安全生产监督管理职责的部门，不得隐瞒不报、谎报或者拖延不报，不得故意破坏事故现场、毁灭有关证据。

......

第七十五条　任何单位和个人不得阻挠和干涉对事故的依法调查处理。

……

## 第六章　法　律　责　任

……

第八十三条　生产经营单位有下列行为之一的，责令限期改正；逾期未改正的，责令停止建设或者停产停业整顿，可以并处五万元以下的罚款；造成严重后果，构成犯罪的，依照刑法有关规定追究刑事责任：

（一）矿山建设项目或者用于生产、储存危险物品的建设项目没有安全设施设计或者安全设施设计未按照规定报经有关部门审查同意的；

（二）矿山建设项目或者用于生产、储存危险物品的建设项目的施工单位未按照批准的安全设施设计施工的；

（三）矿山建设项目或者用于生产、储存危险物品的建设项目竣工投入生产或者使用前，安全设施未经验收合格的；

（四）未在有较大危险因素的生产经营场所和有关设施、设备上设置明显的安全警示标志的；

（五）安全设备的安装、使用、检测、改造和报废不符合国家标准或者行业标准的；

（六）未对安全设备进行经常性维护、保养和定期检测的；

（七）未为从业人员提供符合国家标准或者行业标准的劳动防护用品的；

（八）特种设备以及危险物品的容器、运输工具未经取得专业资质的机构检测、检验合格，取得安全使用证或者安全标志，投入使用的；

（九）使用国家明令淘汰、禁止使用的危及生产安全的工艺、设备的。

……

第八十九条　生产经营单位与从业人员订立协议，免除或者减轻其对从业人员因生产安全事故伤亡依法应承担的责任的，该协议无效；对生产经营单位的主要负责人、个人经营的投资人处二万元以上十万元以下的罚款。

第九十条　生产经营单位的从业人员不服从管理，违反安全生产规章制度或者操作规程的，由生产经营单位给予批评教育，依照有关规章制度给予处分；造成重大事故，构成犯罪的，依照刑法有关规定追究刑事责任。

第九十一条　生产经营单位主要负责人在本单位发生重大生产安全事故时，不立即组织抢救或者在事故调查处理期间擅离职守或者逃匿的，给予降职、撤职的处分，对逃匿的处十五日以下拘留；构成犯罪的，依照刑法有关规定追究刑事责任。

生产经营单位主要负责人对生产安全事故隐瞒不报、谎报或者拖延不报的，依照前款规定处罚。

……

# 附录 2 《国务院关于预防煤矿生产安全 事故的特别规定》（节选）

......

第八条 煤矿的通风、防瓦斯、防水、防火、防煤尘、防冒顶等安全设备、设施和条件应当符合国家标准、行业标准，并有防范生产安全事故发生的措施和完善的应急处理预案。

煤矿有下列重大安全生产隐患和行为的，应当立即停止生产，排除隐患：

（一）超能力、超强度或者超定员组织生产的；

（二）瓦斯超限作业的；

（三）煤与瓦斯突出矿井，未依照规定实施防突出措施的；

（四）高瓦斯矿井未建立瓦斯抽放系统和监控系统，或者瓦斯监控系统不能正常运行的；

（五）通风系统不完善、不可靠的；

（六）有严重水患，未采取有效措施的；

（七）超层越界开采的；

（八）有冲击地压危险，未采取有效措施的；

（九）自然发火严重，未采取有效措施的；

（十）使用明令禁止使用或者淘汰的设备、工艺的；

（十一）年产 6 万吨以上的煤矿没有双回路供电系统的；

（十二）新建煤矿边建设边生产，煤矿改扩建期间，在改扩建的区域生产，或者在其他区域的生产超出安全设计规定的范围和规模的；

（十三）煤矿实行整体承包生产经营后，未重新取得安全生产许可证和煤炭生产许可证，从事生产的，或者承包方再次转包的，以及煤矿将井下采掘工作面和井巷维修作业进行劳务承包的；

（十四）煤矿改制期间，未明确安全生产责任人和安全管理机构的，或者在完成改制后，未重新取得或者变更采矿许可证、安全生产许可证、煤炭生产许可证和营业执照的；

（十五）有其他重大安全生产隐患的。

……

第十六条　煤矿企业应当依照国家有关规定对井下作业人员进行安全生产教育和培训，保证井下作业人员具有必要的安全生产知识，熟悉有关安全生产规章制度和安全操作规程，掌握本岗位的安全操作技能，并建立培训档案。未进行安全生产教育和培训或者经教育和培训不合格的人员不得下井作业。

……

# 附录3  中华人民共和国刑法修正案（六）（节选）

## （原文与修改文对照）

1. 将刑法第一百三十四条修改为："在生产、作业中违反有关安全管理的规定，因而发生重大伤亡事故或者造成其他严重后果的，处三年以下有期徒刑或者拘役；情节特别恶劣的，处三年以上七年以下有期徒刑。

"强令他人违章冒险作业，因而发生重大伤亡事故或者造成其他严重后果的，处五年以下有期徒刑或者拘役；情节特别恶劣的，处五年以上有期徒刑。"

原文：第一百三十四条  工厂、矿山、林场、建筑企业或者其他企业、事业单位的职工，由于不服管理、违反规章制度，或者强令工人违章冒险作业，因而发生重大伤亡事故或者造成其他严重后果的，处三年以下有期徒刑或者拘役；情节特别恶劣的，处三年以上七年以下有期徒刑。

2. 将刑法第一百三十五条修改为："安全生产设施或者安全生产条件不符合国家规定，因而发生重大伤亡事故或者造成其他严重后果的，对直接负责的主管人员和其他直接责任人员，处三年以下有期徒刑或者拘役；情节特别恶劣的，处三年以上七年以下有期徒刑。"

原文：第一百三十五条  工厂、矿山、林场、建筑企业或者其他企业、事业单位的劳动安全设施不符合国家规定，经有关部门或者单位职工提出后，对事故隐患仍不采取措施，因而发生重大伤亡事故或者造成其他严重后果的，对直接责任人员，处三年以下有期徒刑或者拘役；情节特别恶劣的，处三年以上七年以下有期徒刑。

3. 在刑法第一百三十五条后增加一条，作为第一百三十五条之一："举办大型群众性活动违反安全管理规定，因而发生重大伤亡事故或者造成其他严重后果的，对直接负责的主管人员和其他直接责任人员，处三年以下有期徒刑或者拘役；情节特别恶劣的，处三年以上七年以下有期徒刑。"

4. 在刑法第一百三十九条后增加一条，作为第一百三十九条之一："在安全事故发生后，负有报告职责的人员不报或者谎报事故情况，贻误事故抢救，情节严重的，处三年以下有期徒刑或者拘役；情节特别严重的，处三年以上七年以下有期徒刑。"

原文：第一百三十九条　违反消防管理法规，经消防监督机构通知采取改正措施而拒绝执行，造成严重后果的，对直接责任人员，处三年以下有期徒刑或者拘役；后果特别严重的，处三年以上七年以下有期徒刑。

……

# 附录 4 煤矿生产安全事故报告和调查处理规定（全文）

## 第一章 总 则

第一条 为了规范煤矿生产安全事故报告和调查处理，落实事故责任追究，防止和减少煤矿生产安全事故，依照《生产安全事故报告和调查处理条例》、《煤矿安全监察条例》和国务院有关规定，制定本规定。

第二条 本规定所称煤矿生产安全事故（以下简称事故），是指各类煤矿（包括与煤炭生产直接相关的煤矿地面生产系统、附属场所）发生的生产安全事故。

第三条 特别重大事故由国务院或者根据国务院授权，由国家安全生产监督管理总局组织调查处理。

特别重大事故以下等级的事故按照事故等级划分，分别由相应的煤矿安全监察机构负责组织调查处理。

未设立煤矿安全监察分局的省级煤矿安全监察机构，由省级煤矿安全监察机构履行煤矿安全监察分局的职责。

## 第二章 事 故 分 级

第四条 根据事故造成的人员伤亡或者直接经济损失，煤矿事故分为以下等级：

（一）特别重大事故，是指造成 30 人以上死亡，或者 100 人以上重伤（包括急性工业中毒，下同），或者 1 亿元以上直接经济损失的事故；

（二）重大事故，是指造成 10 人以上 30 人以下死亡，或者 50 人以上 100 人以下重伤，或者 5000 万元以上 1 亿元以下直接经济损失的事故；

（三）较大事故，是指造成 3 人以上 10 人以下死亡，或者 10 人以上 50 人以下重伤，或者 1000 万元以上 5000 万元以下直接经济损失的事故；

（四）一般事故，是指造成 3 人以下死亡，或者 10 人以下重伤，或者 1000 万元以下直接经济损失的事故。

本条所称的"以上"包括本数，所称的"以下"不包括本数。

第五条　事故中的死亡人员依据公安机关或者具有资质的医疗机构出具的证明材料进行确定，重伤人员依据具有资质的医疗机构出具的证明材料进行确定。

第六条　事故造成的直接经济损失包括：

（一）人身伤亡后所支出的费用，含医疗费用（含护理费用），丧葬及抚恤费用，补助及救济费用，歇工工资；

（二）善后处理费用，含处理事故的事务性费用，现场抢救费用，清理现场费用，事故赔偿费用；

（三）财产损失价值，含固定资产损失价值，流动资产损失价值。

第七条　事故发生单位应当按照规定及时统计直接经济损失。发生特别重大事故以下等级的事故，事故发生单位为省属以下煤矿企业的，其直接经济损失经企业上级政府主管部门（单位）审核后书面报组织事故调查的煤矿安全监察机构；事故发生单位为省属以上（含省属）煤矿企业的，其直接经济损失经企业集团公司或者企业上级政府主管部门审核后书面报组织事故调查的煤矿安全监察机构。特别重大事故的直接经济损失报国家安全生产监督管理总局。

第八条　自事故发生之日起 30 日内，事故造成的伤亡人数发生变化的，应当按照变化后的伤亡人数重新确定事故等级。

第九条　事故抢险救援时间超过 30 日的，应当在抢险救援结束后重新核定事故伤亡人数或者直接经济损失。重新核定的事故伤亡人数或者直接经济损失与原报告不一致的，按照重新核定的事故伤亡人数或者直接经济损失确定事故等级。

# 第三章　事　故　报　告

第十条　煤矿发生事故后，事故现场有关人员应当立即报告煤矿负责人；煤矿负责人接到报告后，应当于 1 小时内报告事故发生地县级以上人民政府安全生产监督管理部门、负责煤矿安全生产监督管理的部门和驻地煤矿安全监察机构。

情况紧急时，事故现场有关人员可以直接向事故发生地县级以上人民政府安全生产监督管理部门、负责煤矿安全生产监督管理的部门和煤矿安全监察机构报告。

第十一条　煤矿安全监察分局接到事故报告后，应当在 2 小时内上报省级煤矿安全监察机构。

省级煤矿安全监察机构接到较大事故以上等级事故报告后，应当在 2 小时内上报国家安全生产监督管理总局、国家煤矿安全监察局。

国家安全生产监督管理总局、国家煤矿安全监察局接到特别重大事故、重大事故报告后，应当在 2 小时内上报国务院。

第十二条　地方人民政府安全生产监督管理部门和负责煤矿安全生产监督管理的部门接到煤矿事故报告后，应当在 2 小时内报告本级人民政府、上级人民政府安全生产监督管理部门、负责煤矿安全生产监督管理的部门和驻地煤矿安全监察机构，同时通知公安机关、劳动保障行政部门、工会和人民检察院。

第十三条　报告事故应当包括下列内容：

（一）事故发生单位概况（单位全称、所有制形式和隶属关系、生产能力、证照情况等）；

（二）事故发生的时间、地点以及事故现场情况；

（三）事故类别（顶板、瓦斯、机电、运输、放炮、水害、火灾、其他）；

（四）事故的简要经过，入井人数、生还人数和生产状态等；

（五）事故已经造成伤亡人数、下落不明的人数和初步估计的直接经济损失；

（六）已经采取的措施；

（七）其他应当报告的情况。

以上报告内容，初次报告由于情况不明没有报告的，应在查清后及时续报。

第十四条　事故报告后出现新情况的，应当及时补报或者续报。

事故伤亡人数发生变化的，有关单位应当在发生的当日内及时补报或者续报。

第十五条　事故报告应当及时、准确、完整，任何单位和个人不得迟报、漏报、谎报或者瞒报事故。

## 第四章　事故现场处置和保护

第十六条　煤矿安全监察机构接到事故报告后，按照规定，有关负责人应当立即赶赴事故现场，协助事故发生地有关人民政府做好应急救援工作。

第十七条　事故发生后，有关单位和人员应当妥善保护事故现场以及相关证据。任何单位和个人不得破坏事故现场、毁灭证据。

第十八条　因事故抢险救援必须改变事故现场状况的，应当绘制现场简图并做出书面记录，妥善保存现场重要痕迹、物证。抢险救灾结束后，现场抢险救援指挥部应当及时向事故调查组提交抢险救援报告及有关图纸、记录等资料。

## 第五章　事　故　调　查

第十九条　特别重大事故由国务院组织事故调查组进行调查，或者根据国务院授权，由国家安全生产监督管理总局组织国务院事故调查组进行调查。

重大事故由省级煤矿安全监察机构组织事故调查组进行调查。

较大事故由煤矿安全监察分局组织事故调查组进行调查。

一般事故中造成人员死亡的，由煤矿安全监察分局组织事故调查组进行调查；没有造成人员死亡的，煤矿安全监察分局可以委托地方人民政府负责煤矿安全生产监督管理的部门或者事故发生单位组织事故调查组进行调查。

第二十条　上级煤矿安全监察机构认为必要时，可以调查由下级煤矿安全监察机构负责调查的煤矿事故。

第二十一条　因伤亡人数变化导致事故等级发生变化的事故，依照本规定应当由上级煤矿安全监察机构调查的，上级煤矿安全监察机构可以另行组织事故调查组进行调查。

第二十二条　事故调查组的组成应当遵循精简、效能的原则。

特别重大事故由国务院或者经国务院授权由国家安全生产监督管理总局、国家煤矿安全监察局、监察部等有关部门、全国总工会和事故发生地省级人民政府派员组成国务院事故调查组，并邀请最高人民检察院派员参加。

特别重大事故以下等级的事故，根据事故的具体情况，由煤矿安全监察机构、有关地方人民政府及其安全生产监督管理部门、负责煤矿安全生产监督管理的部门、行业主管部门、监察机关、公安机关以及工会派人组成事故调查组，并应当邀请人民检察院派人参加。

事故调查组可以聘请有关专家参与调查。

第二十三条　事故调查组成员应当具有事故调查所需要的知识和专长，并与事故发生单位和所调查的事故没有直接利害关系。

第二十四条　事故调查组应当坚持实事求是、依法依规、注重实效的三项基本要求和"四不放过"的原则，做到诚信公正、恪尽职守、廉洁自律，遵守事故调查组的纪律，保守事故调查的秘密，不得包庇、袒护负有事故责任的人员或者借机打击报复。

第二十五条　重大、较大和一般事故的事故调查组组长由负责煤矿事故调查的煤矿安全监察机构负责人担任。委托调查的一般事故，事故调查组组长由煤矿安全监察机构商事故发生地人民政府确定。

事故调查组组长履行下列职责：

（一）主持事故调查组开展工作；

（二）明确事故调查组各小组的职责，确定事故调查组成员的分工；

（三）协调决定事故调查工作中的重要问题；

（四）批准发布事故有关信息；

（五）审核事故涉嫌犯罪事实证据材料，批准将有关材料或者复印件移交司法机关处理。

第二十六条　调查组坚持统一领导、协作办案、公平公正、精简高效的原则。

事故调查组履行下列主要职责：

（一）查明事故单位的基本情况；

（二）查明事故发生的经过、原因、类别、人员伤亡情况及直接经济损失；隐瞒事故的，应当查明隐瞒过程和事故真相；

（三）认定事故的性质和事故责任；

（四）提出对事故责任人员和责任单位的处理建议；

（五）总结事故教训，提出防范和整改措施；

（六）在规定时限内提交事故调查报告。

第二十七条　事故调查中需要对重大技术问题、重要物证进行技术鉴定的，事故调查组可以委托具有国家规定资质的单位或直接组织专家进行技术鉴定。进行技术鉴定的单位、专家应当出具书面技术鉴定结论，并对鉴定结论负责。技术鉴定所需时间不计入事故调查期限。

第二十八条　事故调查组应当自事故发生之日起60日内提交事故调查报告。

特殊情况下，经上级煤矿安全监察机构批准，提交事故调查报告的期限可以适当延长，但延长的期限最长不超过60日。

第二十九条　事故抢险救灾超过60日，无法进行事故现场勘察的，事故调查时限从具备现场勘察条件之日起计算。

瞒报事故的调查时限从查实之日起计算。

第三十条　事故调查报告应当包括下列内容：

（一）事故发生单位基本情况；

（二）事故发生经过、事故救援情况和事故类别；

（三）事故造成的人员伤亡和直接经济损失；

（四）事故发生的直接原因、间接原因和事故性质；

（五）事故责任的认定以及对事故责任人员和责任单位的处理建议；

（六）事故防范和整改措施。

事故调查组成员应当在事故调查报告上签名。

第三十一条　事故调查报告报送至负责事故调查的国家安全生产监督管理总局或者煤矿安全监察机构后，事故调查工作即告结束。

第三十二条　事故调查的有关资料应当由组织事故调查的煤矿安全监察机构归档保存。归档保存的材料包括技术鉴定报告、重大技术问题鉴定结论和检测检验报告、尸检报告、物证和证人证言、直接经济损失文件、相关图纸、视听资料、批复文件等。

## 第六章　事　故　处　理

第三十三条　特别重大事故调查报告报经国务院同意后，由国家安全生产监督管理总局批复结案。

重大事故调查报告经征求省级人民政府意见后，报国家煤矿安全监察局批复结案。

较大事故调查报告经征求设区的市级人民政府意见后，报省级煤矿安全监察机构批复结案。

一般事故由煤矿安全监察分局批复结案。

第三十四条　重大事故、较大事故、一般事故，煤矿安全监察机构应当自收到事故调查报告之日起 15 日内作出批复。特别重大事故的批复时限依照《生产安全事故报告和调查处理条例》的规定执行。

第三十五条　事故批复应当主送落实责任追究的有关地方人民政府及其有

关部门或者单位。

有关地方人民政府及其有关部门或者单位应当依照法律、行政法规规定的权限和程序，对事故责任单位和责任人员按照事故批复的规定落实责任追究，并及时将落实情况书面反馈批复单位。

第三十六条　煤矿安全监察机构依法对煤矿事故责任单位和责任人员实施行政处罚。

第三十七条　事故发生单位应当落实事故防范和整改措施。防范和整改措施的落实情况应当接受工会和职工的监督。

负责煤矿安全生产监督管理的部门应当对事故责任单位落实防范和整改措施的情况进行监督检查。

煤矿安全监察机构应当对事故责任单位落实防范和整改措施的情况进行监察。

第三十八条　特别重大事故的调查处理情况由国务院或者国务院授权组织事故调查的国家安全生产监督管理总局和其他部门向社会公布，特别重大事故以下等级的事故的调查处理情况由组织事故调查的煤矿安全监察机构向社会公布，依法应当保密的除外。

# 附录 5　关于加强煤矿班组安全生产建设的
# 指导意见（全文）

## 总工发〔2009〕15 号

各产煤省、自治区、直辖市总工会及新疆生产建设兵团工会、煤炭业管理部门，司法部直属煤矿管理局，有关中央企业：

为深入贯彻落实国家七部门《关于加强国有重点煤矿安全基础管理的指导意见》（安监总煤矿〔2006〕116 号）和《关于加强小煤矿安全基础管理的指导意见》（安监总煤调〔2007〕95 号）精神，坚持关口前移、重心下移，抓基层、打基础，提高班组安全管理水平，促进煤矿安全生产形势稳定好转，现就加强煤矿班组安全生产建设提出以下指导意见。

### 一、加强煤矿班组安全生产建设的重要性和紧迫性

1. 加强班组安全生产建设是强化煤矿安全基础管理的重要组成部分。班组是煤矿安全生产的最基层组织，煤矿安全生产法律法规、规程、标准和相关规章制度的贯彻落实，以及先进适用安全技术的推广应用都要落实到班组、体现在现场。关口前移，实现班组规范化管理、标准化建设，是夯实煤矿安全基础，创建本质安全型煤矿，推进煤矿企业安全发展和可持续发展的关键环节。

2. 加强煤矿班组安全生产建设是减少"三违"、防止事故的有效途径。据统计，煤矿生产安全事故多数是由"三违"造成的。有效遏制重特大事故、减少事故总量，必须落实班组长、职工岗位安全生产责任制，充分发挥班组安全生产第一道防线的作用，减少和杜绝"三违"，为实现煤矿安全生产形势的稳定好转提供重要保障。

## 二、加强煤矿班组安全生产建设的指导原则和目标

3. 指导原则。牢固树立"安全发展"理念，认真贯彻落实"安全第一、预防为主、综合治理"方针，把班组安全生产建设作为加强煤矿安全生产基层和基础管理的重要工作，倡导先进的班组安全文化，健全完善班组安全生产责任制，建立激励约束机制，加强班组安全教育和规范化管理，深入开展安全质量标准化工作，加强现场安全管理和隐患排查治理，提高煤矿企业现场安全管理水平。

4. 建设目标。持续、有效地加强和改进班组建设，提高防范事故、保证安全的五种能力：抓好班组长选拔使用，提高班组安全生产的组织管理能力；加强安全生产教育，提高班组职工自觉抵制"三违"行为的能力；强化班组安全生产应知应会的技能培训，提高业务保安能力；严格班组现场安全管理，提高隐患排查治理的能力；搞好班组应急救援预案演练，提高防灾、避灾和自救等应急处置的能力。通过不断提高班组安全生产能力，使班组员工真正做到不伤害自己、不伤害别人、不被别人伤害，实现班组安全生产，为煤矿安全生产奠定基础。

## 三、煤矿班组安全生产建设的主要内容

（一）建立完善班组安全生产管理体系

5. 煤矿要建立区队、班组建制。严禁层层转包、以包代管。

6. 严格班组安全生产定员管理。按照精简高效的原则，制定班组定员标准，保证班组安全生产基本配置，推行四班六小时工作制，实行现场"限员挂牌"制，严格控制作业人数，严禁超定员生产，严禁两班交叉作业。

7. 建立完善班组安全生产管理规章制度。主要包括：（1）班前会制度；（2）班组长随班工作制度；（3）安全质量标准化管理制度；（4）隐患排查治理制度；（5）班组和各岗位安全评估制度；（6）事故报告和处理程序；（7）事故分析处理制度；（8）安全检查与奖惩制度；（9）班组学习培训制

度；（10）岗位练兵、技能竞赛制度；（11）交接班制度；（12）现场安全文明生产制度；（13）安全举报制度；（14）员工安全权益维护制度；（15）安全绩效考核制度；（16）企业认为需要制定的其他相关制度。

8. 健全落实安全生产责任制。明确班组是作业现场安全生产责任主体，实行班组长作业现场安全生产负责制。安全检查员、质量监督员、群众安监员和瓦斯检查员按职责做好班组相应的安全监督检查工作。

9. 推行班组安全生产风险预控管理。在危险源辨识、风险评估的基础上，制定各岗位、各工种的安全工作程序和工作标准，实行风险超前预控，提高员工对生产作业中出现的各种不安全因素的认知和防范能力。

10. 完善班组安全生产目标控制考核激励约束机制。把企业的安全生产控制目标层层分解落实到班组，实行班组安全生产目标考核制度，完善安全、生产、效益结构工资制，加大安全构成比重，严格考核奖惩，将安全生产作为班组、班组长、班组员工推优评先、效益工资分配的"一票否决"指标。煤矿企业对班组安全生产工作每月进行一次集中考核，对考核结果实行备案管理。

11. 加强班组安全信息管理。建立健全班组信息管理系统。班组要做好班前班后会安全信息记录和生产、施工等作业记录；认真填写出勤、安全质量、隐患排查治理、班组井下员工到岗、培训等信息，提高班组安全信息基础管理水平。

（二）规范班组长管理

12. 完善班组长任用机制。明确班组长任用标准条件、产生办法和聘任方法，规范班组长选拔程序，选拔优秀的班组长。班组长一般应具有高中以上文化程度、3 年以上现场工作经历。国有重点煤矿要争取在 3～5 年内，使班组长达到中等或中等以上文化水平。

13. 规范班组长管理方式。实行班组长定期聘用制管理，要制定聘用和解聘条件、程序。

14. 健全班组长人才激励机制。拓宽用人渠道，把班组长纳入煤矿管理人才培养计划，积极从优秀班组长中选拔人才，有条件的要送到高等院校培养。

鼓励大学毕业生到基层班组锻炼。推优评先要向基层班组长倾斜，并应占有一定比例。

（三）加强班组现场安全管理

15. 严格落实班前会制度。把开好班前会作为现场管理的第一道程序，结合上一班作业现场存在的问题，针对每个环节、每个岗位，布置好当班安全生产及各岗位应协调处理的事项。明确工作中注意的问题，识别不安全因素，落实相应的防范措施，做到安全注意事项不讲明不下井、责任不明确不下井。

16. 严格执行交接班制度。特殊岗位严格执行相关规定，除带班人员、要害岗位人员必须在现场交接班以外，严禁其他人员现场交接班；要填写好交接班日志，必须把相关安全生产原始记录——交接清楚，防止问题不明、措施不当而危及安全生产。

17. 充分发挥特聘煤矿安全生产群众监督员的作用。明确职责，坚持把查找隐患、制止"三违"作为煤矿安全生产群众监督员工作的重中之重，做到班组长不违章指挥、班组成员不违章作业、所有人员不违反劳动纪律。对"三违"现象要当作事故进行分析处理，做到治之于未现、防患于未然。加强现场监督检查，严格监督落实现场安全技术操作规程，严格监督按批准的技术措施进行施工或生产，严禁违规作业。

18. 搞好安全质量标准化动态达标。积极开展安全质量标准化工作，推行作业现场精细化管理，文明生产；每班要对作业现场工程质量、岗位工作质量进行验收和评估，实现动态达标，积极创建安全精品工程。

19. 加强隐患排查治理。抓好隐患排查，实行班组隐患分级管理，落实治理责任。对生产作业场所、安全生产设备及各系统进行定时、定点、定路线、定项目巡回检查，及时排查治理现场事故隐患，隐患没有排除班组长不得组织生产；对限期治理的事故隐患，要严格落实现场防范措施；遇到重大险情要及时报告，并有序组织人员及时撤离现场，避免事态扩大。

20. 落实班组安全生产权益。班组长对现场作业条件的变化情况，有安全生产决策权和组织指挥权；有检查职工安全作业情况、抵制上级违章指挥权；

有对作业现场工程质量、岗位工作质量进行安全评估验收权；在安全隐患没有排除或不具备安全生产条件时，有拒绝开工或停止生产权。切实落实煤矿工人安全生产权利。

（四）加强班组安全文化建设和教育培训工作

21. 加强班组安全文化建设。积极开展切合实际、形式多样，体现班组特色的安全文化活动，强化安全生产法制意识，培养安全生产价值观，培植先进的安全生产理念，落实职工群众安全生产知情权、参与权、监督权、表达权和举报权，增强安全生产内在动力，实现"我要安全"。培养和弘扬班组团队精神，做到工作相互支持、密切配合，工序衔接协调无误。

22. 强化安全教育培训工作。重视和发挥班组在员工教育培训中的主阵地作用，加强班组安全知识、岗位技能培训，严格新招录员工的岗前培训，做到应知应会；班组长和班组所有员工须经培训考核合格方可上岗，特殊工种要做到持证上岗。加强班组应急救援知识培训，建立班组应急预案，加强模拟演练，熟悉防灾、避灾路线，增强自救处置能力；加强对采用的新工艺、新设备、新技术的培训，适应安全发展需要；充分利用典型案例，开展警示教育，汲取事故教训，增强事故防范意识；以师带徒，提高安全生产实际操作技能；大力开展岗位练兵，促使班组员工熟练掌握安全生产操作技术，提高防范事故的能力。

23. 积极开展班组安全技术革新。鼓励员工广泛开展安全生产小发明、小创造、小改造等安全技术革新和管理创新实践活动；鼓励员工立足岗位进行技术创新，努力营造学技术、钻业务、争先进、保安全的浓厚氛围。

四、加强煤矿班组安全生产建设组织领导

24. 加强组织领导。各地、各有关部门和煤矿企业要制定煤矿班组建设的总体规划、目标和措施，明确组织实施部门及职责，发挥安全生产党政工团齐抓共管的制度优势，把各项组织活动开展到班组，不断加强班组建设。根据相关规定，健全班组组织机构，设立班组安全检查员、质量监督员、群众安监员和瓦斯检查员；加强班组民主管理，充分发挥职工在安全管理中的积极性和创造性，维护职工的安全保障权益；积极开展争创党团员安全示范岗活动，促进班组安全生产。

25. 深入组织开展安全生产优秀班组创建活动。煤矿企业要结合实际制定具体办法，各级工会、煤炭行业管理部门要加强工作指导和宣传推动，定期组织开展煤矿班组建设先进经验交流活动，每年组织开展一次班组技能竞赛，对优秀班组要给予表彰奖励，以点带面，全面推进；积极组织参加全国"安康杯"竞赛。

26. 本指导意见适用所有煤矿。各地、各相关部门可据此制定本区域内的指导意见或具体实施办法。

# 附录6　关于进一步加强全省煤矿班组
# 建设的意见（全文）

鲁煤安管〔2009〕146号

为深入贯彻落实中华全国总工会、国家煤监局《关于加强煤矿班组安全生产建设的指导意见》（总工发〔2009〕15号），坚持关口前移、重心下移，抓基层、打基础，切实推进煤矿班组建设，筑牢煤矿安全生产和综合管理的基石，现就进一步加强全省煤矿班组建设提出以下意见。

**一、进一步提高对加强班组建设重要意义的认识**

（一）加强班组建设是建设本质安全型矿井的需要。班组是煤矿管理体系的最小单元，是安全生产的最基层组织，各项规章制度的贯彻落实，各项安全技术的推广应用最终都要落实到班组、体现在现场。关口前移，实现班组规范化管理、标准化建设，是夯实煤矿安全基础、创建本质安全型煤矿、实现煤矿企业安全发展和可持续发展的重要举措。

（二）加强班组建设是提高基层战斗力的需要。班组是煤矿企业政治文明、精神文明、物质文明建设的落脚点。加强班组建设，增强基层干部的工作能力，提高广大职工的综合素质，不断提升基层组织和干部职工的执行力、战斗力和创造力，对于充分发挥基层组织的基础保障作用、实现煤矿企业又好又快发展至关重要。

（三）加强班组建设是提升企业管理水平的需要。班组是煤矿企业的细胞。企业的执行力要在班组中体现，企业的效益要通过班组实现，企业的安全要由班组来保证，企业的文化要靠班组来建设。加强班组建设，提高班组工作水平，是整体提升企业管理水平的重要组成部分，是企业面向未来、着眼长远的战略举措。

## 二、进一步开拓班组建设的新局面

（一）明确定位，切实落实班组建设的工作目标。我省煤矿班组建设的工作目标，就是通过持续、有效地加强班组建设，提高防范事故、保证安全的五种能力：抓好班组长选拔使用，提高班组安全生产的组织管理能力；加强安全生产教育，提高班组职工自觉抵制"三违"行为的能力；强化班组安全生产应知应会的技能培训，提高业务保安能力；严格班组现场安全管理，提高隐患排查治理的能力；搞好班组应急救援预案演练，提高防灾、避灾和自救等应急处置的能力。在全省建成一批高质量的"五好班组"（团队建设好，责任落实好，学习技术好，安全质量好，任务完成好），把班组建设成为安全、文明、优质、高效、节能的生产单元。

为实现上述工作目标，重点要落实班组建设"四个一工程"：

1. 在思想认识上作为"一线工程"。重心下移、强基固本，把班组建设提高到工作第一线的重要位置来抓。

2. 在组织领导上作为"一把手工程"。煤矿企业要健全完善班组建设领导体系，成立以矿长为组长的班组建设领导小组，实行"一把手"亲自抓，并设立班组建设办公室，负责班组建设日常管理。

3. 在建设体系上作为"一条龙工程"。班组建设是一项综合性的系统工程，既包括安全、生产、效益等硬性任务，也包括思想、作风、纪律等柔性要素。各部门各单位要全方位、系统化地加强班组建设，提高班组建设的整体水平。

4. 在工作落实上作为"一贯制工程"。要把班组建设纳入企业管理和安全质量标准化建设的重要内容，定期组织开展评比表彰活动，推动班组建设常抓不懈。

（二）夯实基础，切实完善班组建设的规章制度。科学严谨的制度是搞好班组建设的重要保证。煤矿企业要切实健全完善班组安全生产管理规章制度，使班组建设有章可依、有规可循。要通过加强各项规章制度，真正做到班组建设的内容指标化、要求标准化、步骤程序化、考核数据化、管理系统化。

班组建设的规章制度主要包括：

1. 班前会制度；

2. 班组长随班工作制度；

3. 安全质量标准化管理制度；

4. 隐患排查治理制度；

5. 班组和各岗位安全评估制度；

6. 事故报告和处理程序；

7. 事故分析处理制度；

8. 安全检查与奖惩制度；

9. 班组学习培训制度；

10. 岗位练兵、技能竞赛制度；

11. 交接班制度；

12. 现场安全文明生产制度；

13. 安全举报制度；

14. 员工安全权益维护制度；

15. 安全绩效考核制度；

16. 企业认为需要制定的其他相关制度。

（三）把握关键，切实抓好班组长素质提升工作。班组长是煤矿企业从事生产经营活动的一线直接指挥者和组织者，是生产经营现场的直接管理者，也是把责任落实到岗位的关键。提高班组长的素质，要根据企业实际制定班组长任职标准，班组长除了具备应有的职业道德、职业技能外，还要有较强的思想文化素质、综合业务水平、基本管理技能及协调人际关系的能力。

要将班组长岗位工作经历纳入煤矿区队管理人员选拔的基本前提。要注重培养班组长后备人才，鼓励大中专毕业生竞聘班组长，培养选拔优秀员工尤其是优秀青年员工成为班组长；加强对班组长基础素质和综合能力的考核，采取脱产学习、外出培训等形式，为他们提供多种形式的学习培训和实践锻炼机会，着力提升班组长在企业基层的业务指导、组织协调、控制沟通和开拓创新能力。

（四）明确权责，切实规范班组长行为。按照权责对等原则，明确规定班组长的职责，并赋予其开展工作必需的权力。

1. 班组长的职责

（1）安全管理职责。班组长是本班组安全生产的第一责任人，对管辖范围内的现场安全管理全面负责。坚持正班长抓安全、副班长抓生产制度，健全落实各项安全责任制，严格执行安全法律、法规、规程和技术措施，抓好全员、全过程、全方位的动态安全生产管理，严把安全生产第一道关口。

（2）生产管理职责。班组长要引导本班组牢固树立精细高效、文明洁净的生产理念，分解落实生产任务，严格按"三大规程"组织生产，科学安排劳动组织，合理配置生产要素，以岗位为核心搞好现场精细化管理，狠抓节支降耗，提高生产效率。

（3）质量管理职责。班组长要引导本班组牢固树立质量就是市场、质量就是品牌、质量就是生命的理念，加强质量标准化建设，抓好全面质量管理，确保质量动态达标，保持质量管理体系有效运行和持续改进。

（4）其他工作职责。班组长要切实抓好本班组的团队建设，做好思想政治工作和民主管理工作，了解并帮助职工解决实际困难。抓好本班组职工的教育培训、安全学习，组织开展技术革新、岗位练兵和技术比武活动。健全班组对个人的绩效考评分配机制，健全各项原始记录、报表、台账，搞好信息统计、分析和传递，在实践中不断提高本班组的管理水平和技术水平。

2. 班组长的权力

（1）安全管理权。班组长有权按规定组织落实安全规程措施，检查现场安全生产环境和职工安全作业情况，制止和处理职工违章作业，抵制违章指挥，在遇到不具备安全生产条件且自身无力解决时有权拒绝开工或停止生产。

（2）生产组织权。班组长有权根据区队生产作业计划和本班组实际情况，合理安排劳动组织，调配人员、设备、材料等，并根据生产现场实际及时合理的调整工作部署。

（3）考核分配权。班组长有权在上级政策的指导下，按照"按劳分配"原则，对班组成员的工作绩效进行考核，核算安全、质量、生产等指标完成情况，对本班组职工实施收入分配。

（4）其他工作权力。制定本班组管理工作的具体办法和实施细则，向上级提出合理化建议，推荐或选拔副职管理人员，推荐本班组优秀职工参加上级组织的先进评选、荣誉疗养、学习深造、晋级提拔等。

（五）重心下移，切实加强班组现场安全管理。

1. 严格落实班前会制度。把开好班前会作为现场管理的第一道程序，结合上一班作业现场存在的问题，针对每个环节、每个岗位，超前预测安全隐患，落实相应的防范措施，布置好当班安全生产及各岗位应协调处理的事项。

2. 严格执行交接班制度。特殊岗位严格执行相关规定，除带班人员、要害岗位人员必须在现场交接班以外，严禁其他人员现场交接班。要填写好交接班日志，必须把相关安全生产原始记录一一交接清楚，防止问题不明、措施不当而危及安全生产。

3. 充分发挥群监员作用。认真贯彻落实群众安全工作条例，强化班组群监员安全意识和责任意识，坚持把查找隐患、协助班组长抓好现场安全管理作为群监员工作的重心。加强现场监督检查，严格监督落实现场安全技术措施，对于各类安全问题要做到超前防范，防微杜渐，严厉制止违章违规作业。

4. 搞好安全质量标准化。积极开展安全质量标准化工作，推行作业现场精细化管理，文明生产。每班要对作业现场工程质量、岗位工作质量进行验收和评估，实现动态达标，创建安全精品工程。

5. 加强隐患排查治理工作。对作业现场、安全设备及生产系统进行定时、定点、定路线、定人员巡回检查，及时排查治理现场事故隐患，隐患没有排除不得组织生产。对限期治理的事故隐患，要严格落实现场防范措施和责任人。重大隐患险情要及时报告，并有序组织人员及时撤离现场，有效避免人身事故。

6. 实行班组长工作写实制度。强化对班组长班前、班中、班后工作责任履行情况的监督考核，进一步发挥班组长现场安全第一责任人作用。填写内容包括本班工作安排及安全措施落实情况、班中安全隐患的动态排查处理情况、班后工作任务的考核和交班情况，严格控制工作落实和安全动态掌控，并为事后问责提供依据。

（六）找准重点，切实抓好班组成员的安全教育培训。班组建设很重要的目标就是培育人，要按照企业人才培养和发展的目标要求，培育和发展各类人才，通过提高职工素质推动企业发展，努力把班组建设成为凝聚人才、培育人才、发展人才的摇篮。

重视和发挥班组在员工教育培训中的主阵地作用，加强班组安全知识、岗位技能培训，严格新招录员工的岗前培训，做到应知应会。认真落实《关于加强全省煤矿班组长安全培训工作的意见》，新任用的班组长及特殊工种人员必须经过专门安全培训，并考核合格取得《班组长安全培训合格证书》和相关资格证后方可上岗。

加强班组应急救援知识培训，熟悉防灾、避灾路线，增强自救处置能力。加强对新工艺、新材料、新设备、新技术的培训，适应安全发展需要。认真落实导师带徒制度，提高安全生产实际操作技能。大力开展岗位练兵，促使班组员工熟练掌握安全生产操作技术，提高防范事故的能力。在加强安全业务知识和技能培训的同时，注重企业管理、政治思想、职业道德、文化建设等方面的培训，区分人员层次，合理设置培训课程，及时动态地更新培训教材，灵活选择培训形式，切实提高职工队伍的专业能力和综合素质。

要加大班组教育培训投入，尤其要重视发挥班组职工教育培训主阵地的作用，在资金、设施等方面提供有力支持，帮助班组建立学习室，配备所需的书籍和资料，充分利用网络、有线电视等传媒的功能，大力改善班组的学习培训条件。

（七）规范选聘，切实抓好班组考评工作。

1. 规范班组长选聘。要结合实际情况，认真科学制定班组长选拔的具体标准。采取组织推荐、民主评议、投票选举等方式，把思想道德好、工作作风正、管理能力强、技术业务精、工作经验丰富、群众威信高、文化基础和身体素质好的人员选拔到班组长岗位上来，并将班组长纳入管理人员进行管理。

2. 健全班组考评机制。要按照"安全第一"和"效率与公平并重"的原则，合理设置安全、质量、生产任务等的考评权重，加大安全质量的奖惩力度，改进完善绩效考评方法和分配机制。要建立健全对班组的绩效考评分配机制，班组内部要建立起规范、公正、透明的职工个人绩效考评分配方法，让有突出贡献的职工精神上受鼓励、经济上得实惠、政治上有荣誉。

3. 强化班组长激励约束机制。各单位要根据班组长工作内容和责任大小，加大对班组长的考核奖惩力度，定期组织分管领导、所在班组职工、协作部门（单位）等相关人员进行民主评议和考核。考评结果与班组长的收入和待遇紧密挂钩，合理加大安全在班组和职工收入分配中的比重，适当提高班组长的岗位津贴，对做出突出贡献的班组长，要进行奖励；对出现失职、渎职等行为的班组长，要纳入问责范围，视影响程度给予相应处罚。撤免班组长应由区队提出撤免理由，严格按照相应程序办理，避免随意撤换班组长。

### 三、进一步加强对煤矿企业班组建设的组织领导

搞好班组建设，关键在加强领导，狠抓落实。各部门各单位要坚持以人为本，以安全生产为基础，以效率和效益为中心，以提高员工素质为重点，以班组长队伍建设为关键，把加强班组建设作为加强企业管理、提高企业核心竞争力的一项长期战略任务常抓不懈。

（一）精心组织，积极引导，深入推进班组建设。各煤矿企业要把班组建设纳入企业发展的总体规划，摆上重要工作议程。要建立健全班组建设的组织领导体系，明确责任部门和责任人，形成行政主导、工会督导、职能部门配合、党政工团齐抓共管的班组建设领导体系。

煤矿矿长每季度要组织召开一次班组长会议，分管生产副矿长每月要召开

一次班组长会议，区队每周要召开一次由班组长参加的"圆班会"，通过层层会议制度，深入推进班组建设。

（二）分类指导，全面提升，切实推进班组建设。要围绕煤矿企业不同时期发展的不同重点、难点和特点，制定班组建设的具体目标和具体标准，既要因地制宜、因人而异，又要注重引导、全面提升。要努力把班组建设成为勤学苦练、岗位成才、勇攀高峰的一流班组，建设成为节能降耗、增收节支、追求最大效益的一流班组，建设成为制度健全、责任落实、管理科学的一流班组，建设成为自主创新、安全稳定、业绩突出的一流班组，建设成为以人为本、民主公开、团结和谐的一流班组。

（三）培养典型，创造氛围，扎实推进班组建设。要积极引导班组深入开展"五好班组"评选活动，力争在创建计划、内容、理念、措施上取得新的突破，形成制度，创出品牌。通过典型示范、以点带面的形式，不断扩大班组建设成果。省煤炭局将采取自下而上层层推荐的方式每两年组织一次"五好班组"评选、表彰活动。

要不断创新班组竞赛活动载体，深入开展不同形式的岗位练兵、技术比武、合理化建议、争创学习型班组、争当知识型先进员工等活动，培育、凝聚一批优秀人才，引导班组成员树立创新理念，努力把班组建设成为职工科技创新的主战场。

省煤炭局将每两年组织开展一次班组技能竞赛，对优秀班组给予表彰奖励，并组织参加全国"安康杯"竞赛。

# 培 训 学 时 安 排

国家安监总局、国家煤监局下发的《关于进一步加强煤矿班组长安全培训工作的通知》中要求在全国煤矿实施"班组长安全培训工程",并规定培训时间不少于 48 学时;经考核合格后,颁发班组长安全培训合格证书。培训内容侧重现场安全管理和劳动组织管理。

| 培 训 内 容 | | 建议学时 |
|---|---|---|
| 班组管理与建设 | 第一章 班组的性质、特征和作用 | 2 |
| | 第二章 班组长的素质和职责 | 2 |
| | 第三章 班组管理 | 4 |
| 班组安全管理 | 第四章 班组安全管理 | 16 |
| 班组安全文化建设 | 第五章 班组安全文化建设 | 4 |
| 专业技术知识 | 采、掘、机、运、通 | 12 |
| 职业健康与安全 | 第六章 职业健康与安全 | 4 |
| 煤矿安全生产法律法规 | 第七章 法律法规及安全常识 | 4 |
| 合 计 | | 48 |

**图书在版编目（CIP）数据**

煤矿班组长安全培训教材/山东省煤矿培训中心编.
--北京：煤炭工业出版社，2009.12
ISBN 978 - 7 - 5020 - 3581 - 5

Ⅰ.①煤…　Ⅱ.①山…　Ⅲ.①煤矿-矿山安全-安全
管理-技术培训-教材　Ⅳ.①TD7

中国版本图书馆 CIP 数据核字（2009）第 202257 号

煤炭工业出版社　出版
（北京市朝阳区芍药居 35 号　100029）
网址：www.cciph.com.cn
煤炭工业出版社印刷厂　印刷
新华书店北京发行所　发行
\*
开本 787mm×960mm¹/₁₆　印张 17¹/₄
字数 241 千字　印数 1—22,000
2009 年 12 月第 1 版　2009 年 12 月第 1 次印刷
社内编号 6391　定价 45.00 元